非良心豬肉

加工肉品如何變成
美味毒藥

紀雍・庫德黑 ——著
Guillaume Coudray

劉允華 ————譯

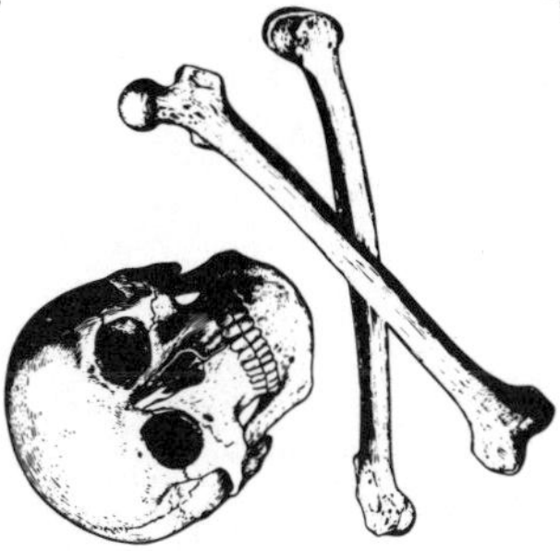

Cochonneries:Comment la charcuterie est devenue un poison

推薦序

不畏挑戰今日食安盲點的勇敢之作

輔仁大學食品科學系&餐旅管理系兼任講師
衛生福利部食品藥物管理署技正退休
文長安

民國五十七年，我念初二時，化學老師教導「強酸有毒、強鹼有毒，但中和後就無毒」，這觀念一直深植我腦中；直到二十多年後一次餐廳稽查的經驗，我的觀念才有所改變。

先做說明如下：強酸與強鹼氫氧化鈉（NaOH）中和後，以鹽酸所產生的鹽（NaCl）是鹹味，鹽的功能眾所皆知；以硫酸所產生的硫酸鈉（Na2SO$_4$，俗稱保險粉）是苦鹹味，主要用於漂白、防止褐變及防腐，食品加工上如過量，即有異味產生，濫用情形極為有限；但以硝酸所產生的硝酸鈉（NaNO$_3$，俗稱硝）卻是鮮甜味，絕對會讓人有上癮的感覺。

民國八十四年仲夏，我經由密報檢舉，前往中部稽查一家規模不小且生意頗佳的餐廳，該餐廳門口張貼著一則誘人的廣告「絕對不使用味精」；可是該餐廳廚房卻駭人的貯存了十六公斤的硝酸鈉，檢驗結果，硝酸鈉純度為 99.99%。經由約談程序，得知該餐廳烹調調味係以硝酸鈉取代味精。

硝酸鈉雖列為食品添加物被追蹤管理，但不難從中藥店取得。簡列其優點如下：

1. 抑制肉毒桿菌能力超強。
2. 外型結晶與味精雷同但稍大些，價錢則僅是味精的一半；高濃度時有點苦味，但烹調鮮味卻是味精的二到三倍。
3. 還原力強，可使肉還原成紅色，青菜保持翠綠。

食品安全教科書上確實都是這麼寫的：「香腸外層裹覆腸衣，在厭氧的情況下，給予肉毒桿菌孳生大好機會，所以一定要添加硝酸鹽以抑制肉毒桿菌。」這項論述目前在食品相關專技高考仍列為考題。不過，如今肉毒桿菌已可經由 pH 調整至四．六以下、氣調包裝（MAP 包裝，Modified Atmosphere Packaging）、殺菌或乳化劑、pH 調整劑之添加等方式予以抑制。

*

硝酸鈉除可抑制最強的厭氧菌肉毒桿菌外，事實上，鮮為人知的或許是，它還是很好的還原保色劑及調味劑，能讓食品看起來美觀、吃起來美味，這才是導致亞硝酸鈉在食品加工普遍存在的重要原因。

我國食品添加物使用範圍及限量暨規格標準將硝酸鈉歸類為「保色劑」，這就說明了為什麼很多肉加工品喜歡添加，主要是為了保持肉紅色。依該標準規定，「硝酸鈉可使用於肉製品及魚肉製品；用量以NO_2殘留量計為〇．〇七g/kg以下（七十ppm）。」如果NO_2換算成硝酸鈉（$NaNO_3$），就是，「十公斤豬肉可以使用一．三公克的硝酸鈉」；再換算成亞硝酸鈉（$NaNO_2$），就是「十公斤豬肉可以使用一．〇五公克的亞硝酸鈉」。

請問，市售的秤有多少可以秤一．三公克？

既然大部分的秤都無法秤出，自由心證的秤量，也就經常導致過量添加之情事。法規限定NO_2殘留量為七十ppm，可是我甚至查過殘留量高達二九〇〇ppm的路邊攤香腸——而它的美味絕對讓您嘖舌。

亞硝酸鈉因為結構不完整，所以有較大的活性及毒性，當然，鮮甜性及抑制肉毒桿菌能力亦較硝酸鈉高很多。現在食品加工用的大多是亞硝酸鈉，已很少人使用功能較差的硝酸鈉。但亞硝酸鈉的高活性，導致生命期不長，必須再添加其他緩衝劑以延長生命期。

現今食品添加物已很少有單獨使用者，隨著食品市場競爭性越來越強，業者生產的食品已很難忍受些許的瑕疵，導致複方食品添加物充斥市場。對此，本書作者在〈全新的豬肉製品與肉品包裝業的勝利〉一章中有很詳盡的敘述，這就是目前很受爭議的「超級加工食品」（ultra-processed foods），探討其對健康危害的論文也日漸增多。

＊

本書中提到世界衛生組織WHO在二〇一五年將加工肉品列為一級致癌物的公告，除此之外，我也想提醒您留意，WHO於二〇一二年公布的致癌物清單：在一百一十六項一級致癌物中，「製程中有添加亞硝酸鹽易形成亞硝胺的中式鹹魚」被列為第一級致癌物。亞硝胺是亞硝基（-NO）的氮原子與胺基（$-NH_2$）中的氮原子連線的化合物，是強致癌物，也是四大食品汙染物之一。恰巧的是，加工腸製品（香腸、熱狗等）的肉提供了「胺基」，而亞硝酸鈉提供了「亞硝基」，再經燻烤程序，同樣是給予了形成「亞硝胺」最好的機會。

我要強調的是，WHO的致癌警告，僅止於中式鹹魚，未因製程性質相同而對香腸、熱狗等食品提出警告；當然，財團巨大的影響力及龐大市場利潤是主因，這也是本書作者花了很大的篇幅在討論民眾健康與既得利益者反擊之二造論點。

本書作者以很多篇幅述及添加硝之肉加工品對人體之危害，同時，也以相當的篇幅轉述既得利益者的反擊。其中，引述自業者的這段話值得省思：「人們想要享用當代食品科技所有的進步成果，卻不想接受任何一點風險。很抱歉，這樣是不行的。」這確實是我們目前食安上面臨的盲點：明知健康很重要，可是「貪、撐、吃」也是精神生活的重要支柱之一；明知基改食品有不可預知的風險，可糧食短缺卻是不得不面對的難題。

在西方國家，肉品加工廠幾乎都是大食品財團的一員，依據經驗法則，財團的人力、財力、物力及財力都已達高點，若有人斗膽以卵擊石，其下場必定慘烈；而作者仍有十足的勇氣挑戰西方世界在健康議題上的盲點，精神令人敬佩。儘管食品安全衛生政策各國不同，但對健康看法卻是一致的，這確實是一本值得推薦的好書，相信閱覽完畢後，一定會對您的健康有非常正面的輔益。

I 粉紅誘惑：硝酸鹽與亞硝酸鹽如何入侵豬肉製品

獻給艾羅娜（Alona）

獻給真正的豬肉製品

序章

二〇一五年十月十二日。他們一個接著一個，走進這間小演講廳。二十二名研究者，來自全球各地。除了他們之外，幾位觀察員擠進窗戶邊的桌旁。這是在里昂的國際癌症研究中心（Iarc，法文縮寫為Circ）。這個機構由戴高樂將軍創立，是國際衛生組織（WHO，法文縮寫為OMS）的重要轄屬之一。與其他關注癌症的組織不同，Iarc幾乎對藥物與治療等毫不在意。當年，戴高樂希望這個組織將所有力量投入一個目標：找出引發癌症的事物及其因素。他在一九六三年開始接納這個「全新方案」[1*]的點子：光是研究癌症的解藥並不足夠，還必須找出它確切的根源。

自從創立之日起，Iarc的運作就依每年二至四次的大會為規律，每次大會負責檢查一批特定物質。每個週期都循著一套熟極而流暢的程序進行。在之前的六個月間，專家們會檢視知名期刊上所有已知的科學結果，消去最不顯著的部分，以求將成千上萬的文章煉出精髓，再予以交叉比對、質疑求實，歸納總結。在里昂的集會則是最後一里路。在一星期之內，懸置的問題必須解決，形成結論。會中的討論將集結出版成一本厚重的報告——在Iarc行話裡稱為「專題論文」，但實際上這一切作業終將歸結為單獨一頁，讓幾行字決定一切，就像在長長的審理過程後由法官所宣告的判決。

二〇一五年十月十二日這天，Iarc的二十二位專家將豬肉製品歸為第一類「人類致癌因子」。這是首次有整批食品受到世界衛生組織官方宣告為「確定致癌物」。

兩星期後，分類結果向全世界公開，這個消息在同一天就成為所有媒體的頭條。美國《時代》（*Times*）雜誌的封面上，兩條培根打成一個大大的叉；《金融時報》（*Financial Times*）在頭版宣告「火腿引發的歇斯底里」，建議讀者不要相信那些「恐慌販子」以及他們的說詞，只需要「細細品味培根」[2]。倫敦《泰晤士報》（*The Times*）在頭版宣布：「豬肉製品被指為每年數千例癌症死亡原因。」[3]內文解釋，防制組織估計，在大英帝國境內，每年有八千八百人受到因豬肉製品引發的各種癌症所危害；《獨立報》（*The Independent*）聲稱：「官方證實：豬肉製品提高罹患直腸癌機率。」[4]在德國，《世界報》（*Die Welt*）宣布：「世界衛生組織將肉腸放上致癌列表」[5]；《法蘭

＊內文中所有參考或引述資料，統一於書末依章節刊載出處。

克福匯報》（*Frankfurter Allgemeine Zeitung*）指出德國每年有六萬三千人罹患直腸癌，但相對地也提到，在統計計算後，只有五分之一的案例（一萬兩千五百人）與食用豬肉製品或肉品有關；[6]《日報》（*Taz die Tageszeitung*）提議某種「臘腸策略（*Salamitaktik*）：若要活得更久，每天不超過一片」[7]。在法國，對這條新聞影響所及的最佳總結自然是《鴨鳴報》（*Le Canard enchaîné*）頭條：「豬豬焦慮（*C'est le porc de l'angoisse*）！」[8]

大腸直腸癌成為最受注目的焦點。這是最廣泛、致死率最高的癌症之一：在法國，這是死亡率第二高的癌症，每天約有一百一十五至一百二十人，亦即每年約有四萬兩千人罹患。倖存的病患稍多於二分之一，常需經歷割除腫瘤的手術。法國患者中的四十二%，約為每年一萬七千七百人則會死亡。全歐洲的死亡數字是每年十五萬二千人，全世界則是六十九萬四千人。因而，大腸直腸癌每五年就有六千五百萬人罹患，致死人數約有三千五百萬人。[9]在歐洲儘管這種癌症的死亡率居於第二高位，卻是最不為公眾所知的種類之一。這是因為對於癌症的禁忌，加上一切和排泄物質有關的事物都會引發人們直覺性的反感嗎？大腸直腸癌不過是位於大腸的癌症，結腸（大腸）也不過就是接續胃袋與小腸的管道而已。此處進行的是消化過程的最終階段（吸收水分、維他命，壓縮廢物，在排出前予以儲存）。至於直腸，當然，也只是消化管道的最終十五公分。

呼風喚雨的產業

被歸入「第一類」致癌物，代表著豬肉製品的歷史轉折點。根據Iarc指出，每日食用五十克的豬肉製品，會提高十八%的大腸直腸癌罹患風險。[10]據估計，若減少食用有致癌性的肉製品（豬肉製品最多，紅肉則較少），在法國每年約可減少六千到八千名大腸直腸癌病例。[11]在Iarc的工作總結後，法國食品、環境及職業衛生安全局Anses制定了成人每日二十五克的豬肉製品食用量。[12]要達到二十五克很容易：一片火腿通常重四十至五十克，而一個相關機構則估計成人平均食用量為九十克。[13]最小份的臘腸點心重約三十克，最大份的則達七十克。另外還有「隱藏豬肉製品」：披薩上的臘腸、沙拉或熟食裡的燻肉、鹹派裡的醃肉丁——都要納入計算。*

豬肉製品業直接應戰。就在Iarc提出公告的隔日，許多公關公司展開行動，削減這則衛生訊息的衝擊。必須取信於法國人民，說服他們不必憂心，並沒有嚴重的曝險現

---

* 國家癌症研究中心給出以下的定義：「此處『豬肉製品』一詞意為**加工肉品**，包括所有經過煙燻、烘乾、鹽漬，或加入防腐劑以保存的肉品（也包括由化學添加物保存的絞肉、罐頭牛肉等）。……同時包括直接食用者（如燻肉），以及綜合餐點、三明治、鹹派等食品所內含物。」Institut national du cancer, Nutrition et prévention des cancers: des connaissances scientifiques aux recommendation, INCa, Paris,2009,p. 24-25.

象，而這類風險也跟法國沒什麼關係，倒是跟其他國家比較有關！[14]然而法國卻是大腸直腸癌最好發的地方之一，[15]更是豬肉製品消費大國之一：根據專業組織所蒐集的資料，有二十五％的兒童與青少年日消費量達到五十八克。[16]四分之一的成人日消費量則達六十四到一百〇七克。[17]總的來說，接近三分之一的法國人每日食用超過五十克的豬肉製品，而大部分法國人的日消費量則超過二十五克。值得注意的是，最容易發生大腸直腸癌的群體（顯然是大眾階層）[18]也是大量消費豬肉製品的群體：在超市的開架區，較貧困家庭購買的豬肉製品是較富有家庭的兩倍，量最大的消費者則是農人與勞工。[19]

Iarc也同樣遭到來自法國以外的攻擊。在大量的公開訊息裡，企業界佯作驚訝或無法置信，科學數據也被巧妙地再次檢視並「重新整理」。業界的代表們將里昂的這個機構形容成一個「實驗室」，而Iarc的判定也被說成只是許多的「研究」之一。他們想讓人們相信，對癌症發生機制的認識還不夠精確，或這些結果只是某種「理論上的危害」，而不是並未受到評估的「實際風險」。每個國家都有人解釋說Iarc的結論不適用於本地習俗，作為Iarc研究對象的消費者不過是「統計上的個體」。刊於西班牙日報《國家報》（*El Pais*）上，一篇題為「民眾必須選擇：相信我們，或相信業界」的專訪中，主導Iarc計畫的克特．史特黑夫（Kurt Straif）博士，便揭發了這個掌握大權的產業因為憂心銷量會降低而推動的公關計畫。[20]

在生產國裡，豬肉製品產業取得了重要的助力，因農業主管機關恐懼銷售崩盤對經濟所造成的後果。「我不想讓這種報告造成人們更恐慌。」法國農業、農產加工食品與森林部長史提番．勒佛（Stéphane Le Foll）解釋道。[21]這憂心看來頗有道理：在法國，超過七十％的豬肉消費是加工產品。人們只要想到銷量劇降帶來的影響就會心驚：五十八％的法國豬肉生產都產自同一個區域（布列塔尼），從業人員超過三萬人。在其他國家，前景也不容樂觀，這也就是為什麼德國農業部長批評Iarc的結論，[22]義大利農業部長反對這些癌症專家與他們「不公平的危言聳聽」，[23]或澳洲農業部長指責這是場「鬧劇」。在廣播節目中，這位部長宣稱：「如果您想要在日常生活裡消除所有世界衛生組織列出的致癌物，那還不如回到穴居生活吧。」[24]

新瓶裝舊酒

Iarc的分類絕非意外，而是基於一長串關於豬肉製品致癌性的研究成果。從一九七〇年代初期開始，癌症學家手上的證據就足以將多種癌症歸咎於豬肉製品，只是還無法予以數據化。在下文裡，我們將會談到，相關健康機構如何自一九七〇年代開始與產業對抗。對於豬肉製品的流行病學研究從未停歇。而在一九九〇年代，在蒐集大量的生物樣本與行為分析之後，歐洲癌症和營養前瞻性調查Epic的研究特別提出了長期飲食因素的分析。

這份研究確實相當「Epic」（譯註：此處的雙關修辭，既指本調查之縮寫，也強調其如史詩鉅著般之規模浩大）：五十萬人、八百萬份樣本、二十三處遍布全歐的採樣中心。除了抽血之外，每位參與者還需回答問卷，說明菸草與酒精用量、體能活動，當然還有飲食習慣等。年復一年的紀錄裡，癌症逐漸浮現。對現有資料的回溯性分析，讓某種行為與各種癌症的精確連結得以建立。主導Epic的流行病學家提出了豬肉製品在罹患癌症上扮演何種角色的確切證據。自二〇〇二年起，他們首次提供數據化的假說，指出每日食用三十克的豬肉製品可能會增加三十六%的癌症風險。[25]在這個基礎上，從二〇〇五年起，法國國家農業研究院Inra在法國發起「癌症編年」研究計畫，[26]接著是「肉品安全」研究計畫。[27]專家在全世界進行了數百則相關研究，討論各種曝險差異、致癌機制，以及與基因要素之間的互動關係（如今我們已經知道，基因要素只能決定五%到十%的大腸直腸癌）。

二〇〇三年，世界衛生組織首次發行針對豬肉製品食用量的建議。[28]但真正的轉捩點，是在一九九七及二〇〇七這兩年，由世界癌症研究基金WCRF所發布的內容：基於一項由頂尖癌症學家與流行病學家所進行的聯合分析，這個美國組織做出評估結論，建議「避免豬肉製品」。[29]在法國，WCRF持續更新的總結報告被視為在消化道癌症預防方面最值得信賴的科學參照資料。[30]二〇一三年，比利時最高保健諮議會（Conseil supérieur de la santé）也獲得與WCRF同樣的結論，並建議「盡可能避免紅肉加工產品」[31]。

事實上，我們並不需要拒絕豬肉產品。需要降低的——若可能的話最好完全消除的——是「致癌的豬肉製品」……在這句不言自明的話背後，藏著一個豬肉加工業企圖用大量文宣遮掩的祕密：不是所有豬肉製品都會產生同樣的致癌風險。有些極為危險，有些較不危險，還有一些在實驗室的測試中毫無負面影響。[32]豬肉製品是因為兩種人造加工物而「變成」有害：亞硝酸鈉與硝酸鉀（也稱為硝石）。這兩種添加物能加速豬肉製品的生產，並為製品染上誘發人們食欲的色澤。

所謂的「立意良善」

在豬肉製品業界偶爾承認硝化肉製品具有致癌性時，他們會解釋道這都是「立意良善」。根據這些製造商的說法，添加硝化物是為了保護消費者免於更大的危害：用於避免肉毒桿菌中毒。這種造成中毒的細菌相當危險，會潛伏在香腸和火腿裡面靜靜等待，準備殺害那些膽敢吞食未經「處理」之豬肉製品的冒失鬼。二〇一六年，法國Herta公司總裁在回應詢問時，解釋了他為何拒絕在火腿與熱狗腸中停用亞硝酸鈉：「我們不是因為習俗或好玩就隨便添加這些東西。這是為了解決一種非常嚴重的問題：肉毒桿菌中毒，這是很致命的……這不只是消化不良。一旦感染肉毒桿菌，是會死的！……一旦有肉毒桿菌，肯定會這樣！」[33]

因此，這是個損益權衡的問題，在面對兩種犧牲時作出的決斷：作為一個好家長，豬肉製品業者寧願冒讓一小部分消費者罹患癌症的風險，好保護其他人。這很難予以類比：難道我們能接受柳橙汁每年造成上萬人死亡，只為了保護其他人免於某種神祕的「柳橙毒素」嗎？如果馬鈴薯內含致癌添加物，父母還會讓孩子吃薯泥或薯條嗎？在禽流感的威脅下，消費者就會願意去吃注射某種致癌抗體的雞肉嗎？

但最嚴重的是，基於防止肉毒桿菌中毒的論點只不過是個藉口。事實上，肉品製造業者掌握著各式各樣防止細菌汙染的技術。幾十年來，豬肉製品微生物學專家們寫了一篇又一篇的文章一再提到：採用適當的製造技術，業者就能產出確保安全的豬肉製品，而不需要走上致癌添加物的回頭路。[34]粉紅肉色的愛好者可以放心，因為也有不同的染色程序。在二〇〇八年，三位在豬肉製品技術方面最受尊敬的歐洲專家曾回應WCRF的報告表示：「在今天，我們已經知道有各種不同方案，足以取代硝酸鹽與亞硝酸鹽的功能，無論是染色、口味、微生物安全保障等方面皆然。」[35]

無論是豬肉加工師傅、家庭中小企業，或每年出產數十萬噸豬肉製品的工廠，在歐洲，我們到處都能見到完全不使用硝酸鹽與亞硝酸鹽的生產商，而他們的產品也並無造成任何被硝酸鹽支持者們當成恐怖稻草人的「肉毒桿菌中毒」案例。為了不使用致癌添加物生產，這些業者採取不同的製造方式：他們購買品質更好的肉，採行嚴格的衛生規範，回到較長的冷藏期與熟成期，並更新設備以符合要求。在德國與荷蘭，許多有機豬肉製品業者生產時不再求助於硝化添加物。在義大利，傳統業界最好的產品（Parme與San Daniele乾火腿）並不使用硝酸鹽與亞硝酸鹽製造。西班牙也是一樣，最高品質的產品（chorizo和lomo，以及正牌bellota火腿等）依然避免硝化處理。在法國與比利時，有一小群豬肉製品商奮力推行不含硝酸鹽與亞硝酸鹽的產品。某些業者只做短程運送的在地產品。另外某些已經擁有全國配送管道，例如位於蓋普（上阿爾卑斯省區）的中小企業Rostain，就不吝於隨時教育大家：「我們重視品質甚於誘人的顏色。因此，我們的高級無硝熟火腿較為蒼白，也會在開封後外觀有所改變。這種正常的反應是由於未添加亞硝酸鹽，但一點也不會影響火腿的滋味與營養等品質。」[36]

但多數的市場領導業者卻對此毫無興趣。不用硝化添加物的製程，需要更多時間以及更嚴格的控管。更新生產工具相當昂貴，要更換機器、重設冷藏設備、改動製造流程，需要整套程序改頭換面。為什麼要進行這些昂貴的處理，只為了得到沒那麼粉紅而恐使銷量下降的產品呢？

在地疫病

在法國，豬肉製品的總生產量從一九八〇年到二〇一五年已增加了一倍。[37]據業界代言人們的說法，幾十年來，這個產業已經努力「盡可能地」降低倚賴那些會使豬肉製品具致癌性的添加物。但事實上，硝化產製的數量卻不斷增加。這正是致癌豬肉製品的弔詭性：人們越了解它的危險程度，它反倒增加得越快。

舉個例子：法國西部鄉村的古老傳統熟肉醬。手工製作的技術從未讓人們需要在熟肉醬裡添加防腐劑，因為煮熟的過程中就能殺菌，而成品的「紅棕色」則是來自於明火烹調。[38]這就是為什麼，一九六九年首次出版的《豬肉製品食用法典》（*Code des usages de la charcuterie*）其中列出了准予使用的原料，明白地禁止在熟肉醬中使用硝化添加物，能添加的只有鹽與香料。[39]而今各大專業組織都已得知癌症的風險，卻還是准許將熟肉醬進行硝化處理。在一本技術參考手冊裡，就明白指出這種技術「並無特別的好處，除非需要讓肉塊或纖維的切面顯現粉紅」[40]。近幾年來，具有致癌性的熟肉醬在貨架上不斷增加，最常出現在廉價或「折價」區等。這增強了不公平的現象：就跟火腿與香腸一樣，永遠是最便宜的——亦即中低收入家戶最可能會消費的——產品，最有可能經過硝化處理。

為了幫自己無能禁止這種危險添加物的行為開脫，歐盟委員會解釋道，它並不想要介入，因為「必須在市場上保護某些傳統食品」[41]；但事實上，這種放任的態度只不過讓許多一點也不「傳統」的產品得利。因為允許硝化物的使用，歐洲豬肉製品業界正不停地創造出製程必須倚賴這種神奇添加物的全新產品。製造業者不優先考量嚴格控管，卻投入發明全新硝化配方與食品的永恆競爭。只要逛逛超市貨架，就能看到標有E250（亞硝酸鈉）或E252（硝酸鉀）的新產品不斷出現。任何口味、不分老少，硝化處理甚至也被用在針對兒童與青少年行銷的產品上。

在法國，豬肉製品相關業者聲稱他們正在努力消除或「大量減少」亞硝酸鈉的使用。「豬肉產業研究院Ifip正在處理」，這個法國機構在二〇一三年如此表示，甚至提到這類添加物終將「消弭」[42]。但業者們並不真的努力消除這些添加物，反倒持續推出全新種類的硝化熱狗腸、新型硝化肉片、使用硝化肉品的保鮮餐點等。在假裝很「傳統」的火腿片之外，現在又出現「香煎火腿」。還有不斷浮現的新花樣，一種比一種更粉紅，令人難以相信他們正努力走向真正更衛生的豬肉製品。在臘腸貨架上，所謂的「獨特醃製法」不斷推陳出新。在這場競逐中，只有一事不變：為了降低成本、加速生產、簡化工序、延長保存期限、擁有盡快吸引顧客注目的美麗顏色，而採用的硝化處理。

至於癌症，代表業界的組織表示他們會資助研究。這個任務的結果是，研究者們認定最簡單的解決方式就是去除硝化添加物（當他們測試含有硝酸鹽與否的兩種火腿時，只有硝化火腿具有致癌性）[43]。但對於業者來說，這不該是問題：太多利益受威脅，必須找出別的方案。因此，生物化學家們提議再加入其他可能可以抵抗致癌因子活動的補充材料（特別是維生素E）。[44]許多年來，亞硝酸鹽遊說團體把這打造成某種未來的方案：只要再等一下，直到某種革命性的方法能消除危害，就能解決所有人的問題：減少民眾死亡機率，且產業不需改變生產方式，也不需多花錢改造作業方法。

但只要我們從歷史中回溯癌症與豬肉製品的關係，就能發現當產業必須首次面對硝化豬肉製品的致癌證據時，這些抑制技術早在一九七〇年代便已宣稱「研究進行中」了。[45]早在一九七〇年代末期，維生素E的抗癌公式就已經發展出來並取得專利。[46]該怎麼解釋豬肉製品產業始終停在探索階段呢？誰能因為這種惰性而獲利？如何能接受數十萬人是因為這種拖延而死去？當我們發現產業遊說團體現今的論述，有時甚至沿用我們在一九七五年時就聽到的那些，為什麼還要相信他們呢？「我們正在尋找替代方案。我們正尋求一種替代添加物。」[47]而癌症學家早已開始批評這些拖延手段與戰術：[48]生產商獲得時間，消費者蒙受毒害。

系統性的硝化程序對每個人都有害。害得消費者罹病，害得衛生體系浪擲千金在昂貴的療程上，害得畜牧業因准許產業用品質一般的肉類生產加工品而更窮困。甚至對肉品業者自己也有害：當有人認真努力要發展出更好的產品時，就會遭對手競爭，而對方還拿出硝化豬肉製品，有著無懈可擊的粉紅色與逼退同行競爭者的超低價格——只因他們生產更快、更不重視衛生。真正的贏家是：少數幾個業界巨人，他們倚賴亞硝酸鹽組成生產線，一眨眼就能產出像糖果一樣美麗又保久的肉品。

使用硝化添加物的肉店師傅們常只是迫於無奈。他們當然想要販售不具危害性的食品。希望本書能鼓勵他們，讓他們發現硝酸鹽與亞硝酸鹽的歷史祕密，發現傳統豬肉製品如何被巨型工業集團所挾持，這些集團執迷於速度與產量的同時毫不顧慮健康問題，隨時準備所有謊言，以避免被迫放棄這種「加速豬肉製品」的祕方。這些硝化肉品很美，但也危險。一切只能靠真正的豬肉製品師傅，才能奪回鹽漬缸的控制權。

I

粉紅誘惑：
硝酸鹽與亞硝酸鹽
如何入侵豬肉製品

第1章

神奇添加物

在嚐到香氣與口味之前，我們是用眼睛來選擇要吃什麼。我們會對翠綠色的蔬菜產生正面的感受。看到草莓或覆盆子，能啟動唾液分泌反應，但同樣的水果若染成藍色，則會引發不適。至於肉類，百萬年來的肉食者演化告訴我們，肉的顏色能用來判斷新鮮度。我們的直覺會將某些色調作為不含病原體的保證。「紅色」等於品質，「粉紅色」則表示安全。

不幸地，熟火腿或香腸的天然色彩並不是粉紅色的。不是灰色，便是褐色，就像煮熟後的豬肉那樣。正因為如此，製造業者永遠會被可模擬出新鮮色調的人工添加物所引誘。火腿、香腸、凍肉的粉紅色調是用兩種物質做出來的妝扮：硝酸鉀（標記為 KNO_3），以及混合了烹調用鹽與亞硝酸鈉（$NaNO_2$）的「亞硝化鹽」（sel nitrité，譯註：指由此製法產生的商品）。

硝酸鹽、亞硝酸鹽與鐵質

硝酸鹽（nitrate，化學家標記為NO_3）是種遍布自然界的物質。它是肥料的主要原料，而植物也含有大量的此物質（特別是大葉植物：菠菜、萵苣、羅曼葉、芹菜，還有小蘿蔔與甜菜……）。哺乳動物也會製造一點硝酸鹽，在某些細菌的影響下，能轉換為亞硝酸鹽（nitrite，標記為NO_2）。因此，在人體內，口腔中的細菌會不斷將硝酸鹽轉變為亞硝酸鹽，因而唾液總是含有比例不大的亞硝酸鹽，處於高度溶解的狀態下。

硝酸鹽與亞硝酸鹽並非**直接就是**致癌物，就算重複攝取，硝酸鹽與亞硝酸鹽也不會在動物或人身上激發任何腫瘤。但在某些情況下，這些物質會引致相當駭人的代謝物。許多致癌物是在亞硝酸鹽與肉類接觸時產生的。最為人所知的就是「N-亞硝基化合物」，在製造、處理與食用時都可能會產生。這裡面首先是亞硝胺（nitrosamines），由硝化元素（亞硝酸鹽、亞硝酸、氧化氮……）與胺（氨基酸、蛋白質、肽等）的結合所形成。另一類N-亞硝基化合物結合了各種亞硝醯胺，產生自硝化元素與氨化物（一種與胺相近的化合物）的接觸。亞硝胺與亞硝醯胺就算只有極少量也會產生作用：它們能瞄準細胞中的DNA並刺激病變，若在複製之前沒有修復，便可能會生成腫瘤。

豬肉製品產業表示，若在豬肉製品裡加入維生素C，就能降低N-亞硝基化合物的風險。這種技術在一九五〇年時發明，至今仍廣為使用。許多硝化豬肉製品都含有維生素C（以抗壞血酸的形式），以加速製程並降低亞硝胺的生成。然而硝化豬肉製品依舊具有致癌性，因為含有其他刺激腫瘤生成的因素，亦即，促使硝化元素與肉中的「鐵質」（專家們稱之為「血紅素鐵」）接觸的物質。當攝取過多時，作為微量元素的鐵會產生促進氧化的作用，刺激癌症細胞生成。這就是為什麼Iarc在二〇一五年十月檢視豬肉製品時，把「未經處理的」紅肉定為第二類（「可能具致癌性」）。血紅素鐵的致癌作用，是在肉品進行硝化處理時啟動的，因為鐵元素會在此時與一氧化氮連結，產生出稱為「亞硝基血紅素」（nitrosoheme，或「亞硝醯鐵」〔iron nitrosyl〕）的化合物，是致癌性的關鍵刺激物。換句話說，亞硝酸鹽會啟動紅肉中含鐵致癌物的能力，並將其轉變為強力的腫瘤促成者。

對於硝化豬肉製品相關業者而言，倘若人們了解到這個機制，可能與宣告死刑無異：儘管「亞硝胺」的風險只會在某些烹煮或食用條件下才會出現，「亞硝基血紅素／亞硝醯鐵」的風險則很可能存在於硝化豬肉製品的每個分子裡。唯一的解決之道，就是拒絕使用硝化添加物，並回到傳統的豬肉製品生產法，只用上肉品和鹽（NaCl）。

生火腿的天然色素

在歐洲，考古學發現豬肉香腸最晚在銅器時代（西元前十世紀）就已出現，特別是居爾特人所在之地。在法國領土上，也考掘出無數的醃製肉腸工坊。[1]地理學家史特拉朋（Strabon）在紀元十八年時以高盧人為例寫道：「從這群人的居住之地，品質精良的鹽漬豬肉塊一路運往羅馬。」[2]

在歐洲許多區域，人們依舊遵循古法製作火腿，亦即，只用鹽，沒有任何添加物。某些西班牙火腿便是如此（傳統的bellota與某些pata negra等），但今天，主要還是在義大利——弗留利．聖丹尼列爾或帕爾馬等地——才能找到最有名的火腿，不添加硝酸鹽或亞硝酸鹽。這些豬肉製品業者是古老製程的見證人：在用鹽按摩後，肉會呈現某種褐色。接著經過幾個星期，不必任何外力介入，肉會顯現出紅色，並逐漸加深。幾千年來，人類始終利用這種現象，而要到最近這十五年，義大利與日本的科學家才弄清楚其中的生化機制：當師傅不使用硝酸鹽或亞硝酸鹽製作生火腿時，無意間也讓肉品的新色素現身。藉由肉中酶的作用，肉中一部分的「鐵質」會被「鋅」取代。研究者稱這種豬肉製品的自然色素為「鋅原紫質」（Zn-pp或ZPP）。[3]

這種色素不只出現在火腿上。在往日，鋅原紫質也讓人們稱為「brési」或「brazi」

的乾牛肉變紅。在今天，鋅原紫質則讓傳統臘腸（無添加硝酸鹽或亞硝酸鹽）產生濃烈的色調，在奧維農、科西嘉和西班牙等地能夠找到，在義大利與匈牙利還有更多。但鋅原紫質有著某些限制。必須精選原料，程序要求精準，溫度、酸度、環境與濕度等都要掌握。當代的義大利熟食店（salumerie）都能為真正臘腸製作過程的嚴格要求做見證。若是掌握不佳，熟成後的成品便只會有拙劣的口味，也難以保存。另外，這種傳統製法有著重要的缺陷：非常「緩慢」。就像乳酸菌需要幾個星期才能把包心菜轉化為德式酸菜，或把乳品轉為乳酪；新鮮臘腸需要時間才能轉變為「沙拉米臘腸」（salami），豬腿也需要時間才能變為「熟火腿」。鋅原紫質色素在整段製作過程裡都會逐漸產生，但形成速度最快的還是在熟成期間。[4]在幾個月後，色澤才會逐漸飽滿，且隨著時間漸長會更漂亮，因為熟成越久，鋅原紫質色素的量越高。口味也會隨著顏色逐漸改善。在帕爾馬，製造過程最少要十到十二個月；在西班牙，真正不添加硝酸鹽與亞硝酸鹽的pata negra通常不會在二十四個月前出售。就像葡萄酒一樣，傳統火腿會越陳越香。在奧維農，不過幾十年前，富農家中的天花板上還有成堆的火腿放著陳年，等待某場婚禮或重要場合的出現。

豬肉製品加速化

幾乎在所有地方，傳統的製造技術都會被某種加速方案取代。在法國，最相關的例子是知名的「拜雍火腿」（jambon de Bayonne）。今天，幾乎所有在拜雍生產的火腿都用硝酸鉀（硝石）處理過。但傳統的製作只需用鹽，既不是硝酸鹽，也沒有亞硝酸鹽。[5]直到一九六〇年代末，取締詐欺的機關還禁止在說明文字中使用「『真正的』拜雍火腿」，因為製造業者實際上總是倚賴硝化添加物。[6]下文是一九六五年豬肉製品技術專家荷內·帕盧（René Pallu）講述當時的情況。他同時也是化學工程師、梅松·奧佛鹽漬技術中心（centre technique des salaisons de Maisons-Alfort）主任、國家硝化添加物業者公會（為豬肉製品與鹽漬食品製作防腐鹽劑的業者所組成的國家級公會）技術顧問。荷內·帕盧寫道：「我們知道真正的拜雍火腿完全只使用食鹽醃製，這種火腿呈現出漂亮的顏色，質地堅實，極耐保存。」[7]他解釋，要確保製造品質，需要滿足許多條件：火腿肉必須來自於體重脂厚的家畜，宰殺前必須予以休養生息而不能過度勞動。他強調就傳統而言，拜雍的火腿是來自於「緩慢漸進的乾燥熟成，需要六到十二個月，冬季與春季時置於室溫，熱天時則放在有空調的乾燥室裡」。但帕盧接著寫道：「這麼多條件，在我們這個追求『迅速』與『簡易方案』的時代，卻如此難以達成。」[8]他下了結論：

「因此，在多數的工廠裡，人們除了在一開始不去揀選火腿，還添加硝石，在漬鹽中加入甘味劑，讓色澤快速形成。我們甚至全年使用某種加速的『乾燥熟成』方式，把火腿放在有空調的地方。」[9]

在一九六〇年代，專家們設計出這種加速方案，還起了一個肉品業界自此以後應該不會想提起的名字：「化學鹽漬」[10]。這種機制運作方式如下：硝酸鹽和亞硝酸鹽在進入肉品之後會消解，並釋放一氧化氮。這種氣體在肌肉中非常容易散播，並且會與肉中的有色蛋白質（肌紅蛋白）產生反應，並固著在鐵原子上。新的色澤顯現，化學家們稱之為NO-肌紅蛋白（氧化氮肌紅蛋白〔nitric oxide-myoglobine〕的簡稱），由亞硝基血紅素（亞硝醯鐵）所構成。簡而言之，生物化學家們常會提到硝化色素，或「亞硝基色素」。這種色素是深紅色的，在視覺上與鋅原紫質的色澤相當接近。這兩種色素若非使用化學分析便無法分辨，而NO-肌紅蛋白色素，常常還能造成比它所模擬的自然色澤更加深色的效果。[11]

除了濃度之外，亞硝基色素還具有一系列的技術優勢。自然色素的顯色若是掌握不好，就會產生色調落差（較暗的色塊、灰褐色乃至黑色等）。[12]相反地，硝化添加物能「穩定地」形成穩定的色調。第二個重要優點是：若要遵循傳統方式製作火腿與香腸等，必須選擇有年紀的家畜，確保肌肉中包含夠多的肌紅蛋白。相反地，硝化處理能利用只含有少量肌紅蛋白的肉，獲取能滿足視覺效果的火腿。因此人們可以採用較年輕且較少運動的豬隻。這也是硝化添加物對工業畜牧的好處：就算是肌肉量不多的家畜，也可以做出相當漂亮的火腿。

對於生產速度的重要優勢則是，當人們使用「化學方案」時，成色的「速度快上許多」。NO-肌紅蛋白色素形成之快，讓硝化火腿可以在一百天內就上市。西班牙的產品是典型的例子：當真正的，不具硝酸鹽或亞硝酸鹽的 bellota 火腿需要二十四個月的熟成（甚至常在三十個月後才上市），serrano 火腿（借助於硝酸鹽或亞硝酸鹽生產）卻能夠——只要業者願意——在短短三個月內就上市。[13]這個差別對獲利有可觀的影響，更不用說在乾燥熟成的廠房面積與資本流動上所能獲取的經濟效益。

硝化添加物還有其他較具爭議性的優勢。硝酸鹽與亞硝酸鹽使得全球產量增加，因為它也具有消毒作用。製作過程可以不必那麼嚴謹，對產品外觀也無影響。這不表示生產過程就因此而草率，而是指某些規範可以放鬆一點：當火腿從裡到外充滿防腐劑，可以避免產品因細菌滋長而品質不佳或無法販售。[14]就像為 Olida 公司服務的細菌學家與生化學者們在一九五四年所寫下的，硝化添加物「保證對細菌汙染有著相當完整的抑制效果」[15]。其他業界的技術人員則使用較委婉的說法：硝化添加物「有助於避免混亂」[16]。它能讓製程更順暢，工廠不必完全空調冷卻，鬆綁新鮮肉品的供給限制，簡化手續，使運輸與倉儲更容易，延長販售時間。硝化添加物的存在，讓損失減少、產量提高、售價降低。

這就是為什麼這種加速技術逐漸被所有國家採用。在今天的法國，幾乎所有工業生產的火腿與香腸都是硝化製作（亦即以硝酸鉀或亞硝酸鈉處理，有時兩種都會用上）。在西班牙，不過幾十年前，chorizo、longanizas和sobrasada（在法國則是阿爾及利亞白人傳統愛用的soubressade臘腸）等產品，都還是以無添加硝酸鹽或亞硝酸鹽的方式製造，色澤也是來自於添加紅椒與鋅原紫質自然顯色。今天，幾乎絕大部分都已經是硝製。最近，就算是西班牙最高等級乾火腿bellota的製造業者都採用了硝化添加物，若不是因為這讓他們產量顯著提升，就是因為這個做法讓出口更容易，特別是對北美的出口。而歐盟相關單位則持續不斷地公布更多授權文件，讓硝製處理的帝國版圖繼續擴張。[17]這是關於豬肉製品與癌症的悲劇：「化學鹽漬」的優越性，讓它成為世界各地的常態。

豬肉製品的真實週期

舉個激勵人心的義大利例子。曾有幾十年，帕爾馬地方的火腿製造業者使用過硝化添加物。但在一九九〇年代中期，他們決定集體回到傳統製作技術（稱為parmigiana），完全只使用食鹽。這種返古必然使得熟成期更長，以生成鋅原紫質的自然色素。在專業期刊裡，我們因而能見到對帕爾馬謎團表達驚訝的文章，甚至有人稱之為「帕爾馬火腿之謎」[18]。直到今天，某些硝製專家依然難以相信：帕爾馬地方生產品的色澤與穩定性，對他們而言顯得「令人好奇，因為這些特質看來並不是由硝酸鹽或亞硝酸鹽而產生」[19]。人們想出各種可能性：某些人懷疑帕爾馬的豬肉製品業者作弊、有些推測是火腿裡存在的硝化細菌（意為能使硝酸鹽產生的細菌）作用。某些化學家提出假說，認為漫長的熟成期讓硫化物出現，與肌肉進行反應。[20]或者是某種葡萄球菌讓紅色顯現出來？[21]其他人則傾向於相信，在帕爾馬使用的鹽其實已經被硝酸鹽或亞硝酸鹽所汙染。[22]要到實地檢測之後，才證明了帕爾馬使用的鹽並不含有硝化元素，[23]也才讓如今最堅定支持「迅速鹽漬」的人們，都終於認定那些鹽並不含有顯著的硝酸鹽或亞硝酸鹽成分。[24]

如今，「謎題」已經獲得解答，而肉品科學家們強調這個現象並非專屬於帕爾馬。自從人們開始理解鋅原紫質的角色以來，也已經發現了，儘管各地的傳統鹽漬技術確實耗時更久，也要求更多投入，卻能產生極為優良的色澤，以及無可比擬的香氣。回顧過往，我們知道，使用硝酸鹽或亞硝酸鹽的製作程序是以模擬自然工法為名而廣為使用——就像是化學發粉模擬酵母，或水泥模擬石材那樣。

最令人驚訝的是，今天的生化學家發現了自然色素其實還具有保護作用。肉品科學的專家們早已注意到，帕爾馬火腿常不像硝酸鹽或亞硝酸鹽處理過的火腿那麼鹹。[25]對於公眾健康而言，這是首要優勢——但鋅原紫質的好處不止於此。不存在硝化添加物，也就不存在硝化豬肉製品中的特定致癌化合物：非硝製火腿中不僅不會產生亞硝胺與亞硝醯胺，也不至於有亞硝基血紅素。不存在亞硝基血紅素，肉品的其他成分（特別是血紅素）就不具致癌性。由於鐵元素被鋅元素所取代，鋅原紫質能夠抑制有害的機制（如損害DNA、直腸細胞過度滋長等）。[26]

有趣的是，其實是硝化添加物阻礙了自然色素的顯現，因為亞硝酸鹽會妨礙自發性的酶生成。[27]換句話說，對製造業者而言，必須做出選擇：根據製作方法與慣用的器材，可以決定要製作非硝製火腿（由自然的鋅原紫質色素顯色），不然就是製作硝化火腿（由硝基色素顯色）。這就是硝化添加物的荒謬之處：它不只會造成致癌衍生物，還會阻礙具有保護作用的機制顯現。人們現在甚至嘗試以酶處理來製造鋅原紫質色素，讓現代豬肉製品重新染上早先被人們奪走的保護性色素。[28]

熟豬肉製品的粉紅色奇蹟

在前面，我們檢視的主要是所謂的「生」豬肉製品，亦即生火腿（與乾火腿）、乾臘腸、沙拉米臘腸等，所有以未煮熟過的肉製成的產品。現在，讓我們來談談豬肉製品的另一個重要範疇：所謂的「熟」肉與「烘」肉產品。舉例而言：熟火腿（白肉火腿、巴黎式火腿……）、「絞肉」香腸（法蘭克福香腸、史特拉斯堡香腸、熱狗腸……）、義大利熟肉腸（mortadella）、豬肘、五花肉丁等。對我們之前提到的生肉產品而言，硝化添加物能進行加速與複製（這些添加物能迅速產生某種類似自然產生的外觀）。但對於熟肉與烘肉產品而言，硝化添加物能造成一種更有趣的奇觀：讓產品顯現出原本並不具備的色彩。

在自然狀況下，熟火腿是灰白或紅褐色的，就像肉醬或烤豬肉那樣（也因而得名「白」火腿）。如果消費者自行製作火腿、熱狗腸或義大利熟肉腸，這也就是他們會看到的色澤。但在市場上，這種色澤在直覺上卻很難產生吸引力。倘若人們在煮熟前加入硝酸鹽或亞硝酸鹽，這一切都會改變。在一份二十世紀初以肉品製造業者為對象的宣傳頁上，亞硝酸鹽的發明者之一解釋道：「如果您用新鮮肉品製作義大利熟肉腸，您必然會得到灰色的產品。同樣地，煮熟的牛肉也是灰色的。不管用什麼方法煮熟，永遠都會是灰色的。香腸也是一樣。如果您使用新鮮肉品製作，就會變成灰色，就像用水把一塊肉煮熟那樣。簡而言之，用新鮮肉品是做不出粉紅色香腸來的。」[29]長期擔任豬肉製品工廠技術指導的美國人佛瑞德・懷爾德（Fred Wilder）解釋道，若沒有經過硝化處理，肉的外觀就是灰色的，有種「垂死的外觀與灰暗的色澤，非常令人反感」[30]。有賴於硝化添加物，這個缺陷消失了：當硝化肉品加熱時，亞硝肌紅蛋白（nitrosomyoglobin）也會產生轉變，硝化色素（深紅色的亞硝基血紅素）會轉化為一種全新的粉紅色色素，稱為氧化氮血色質（nitrosyl hemochrome）。這種新的色調不完全類似新鮮肉品（而是某種完全不同的果紅色），但也沒關係。重點是，產品得要是「粉紅色」的，不管哪種粉紅色都行。

在販售時，這些肉就像被施了魔法一般：蒼白的肉舖上鋪滿了色彩鮮明而誘人的產品。一本由 Swift 工廠在一九四二年於美國出版的書如此解釋：「很少有肉會比這些處理過的產品更誘人。多麼吸引人啊。」[31]根據另一位美國專家，它們能「奪走眼光」（take the eye）。[32]就像我們談及「性吸引力」一樣，一位亞硝酸鹽的製造者向肉品製造業者保證，硝化處理能讓肉品更養眼（eye-appeal）。[33]

硝化染色程序具有一系列的技術性優勢。一方面，它和其他染色劑（如辣椒、番紅花、胭脂蟲……）相較之下相當便宜。但更重要的是它具有針對性。由於只有在肌紅蛋白與一氧化氮起作用的時候才會顯色，硝化添加物因而只會對瘦肉染色，不會染到肥肉上。[34]譬如說，在五花肉丁或義大利熟肉腸裡，肥肉部分得以保持漂亮的白色，產生鮮明的對比，以及傳達正面視覺印象的棋盤效果。同樣地，在火腿或豬肘上，硝化染色既影響不到豬皮，也不會讓皮下油脂染色。清楚俐落，連骨頭上都不會留下痕跡。

這種染色程序能帶來可觀的附加價值。我們可以以豬肘為例：與其獻身為一塊盛在整鍋豌豆或鷹嘴豆的灰色物體，不如讓這塊慢熟的肉轉變為一只誘人的雕塑品，讓人們樂於切下淡淡粉紅色的肉片。這些肉片滿足眼球，漂亮的外觀讓人胃口大開，想做成冷盤沾美乃滋來吃。這對熟火腿的視覺影響更顯著，特別是預先切片並密封包裝出售的時候。就像兩位肉品科學的硝化技術專家所寫的，「長期以來，培根與硝化火腿鮮豔的粉紅色都被用來當成賣點，在真空透明包裝發展出來之後尤然」[35]。

禁忌的染色

在今天，豬肉製品業盡可能地遮掩或降低硝化添加物的染色功能（誰能接受只為了美觀的理由而產生致癌性的食物呢？）。但他們並不總是如此。在硝化添加物的危險還沒有被鑑定出來之前，製造業者沒有任何理由要如此低調，技術手冊上也明明白白地刊載著顯色的功能。正因如此，專業領域裡的出版作品與期刊文章提供我們一扇得以窺見內部的大窗。直到一九六〇年代為止，業界都毫不隱瞞：硝化添加物的基本功能，就是為肉品迅速染色，迅速賦予某種「豬肉製品的風味」，消除可能的衛生問題進而簡化製程，並避免產品氧化、延長保存期限，使產品的色澤氣味不變。硝化添加物「對於保存肉品的粉紅色澤與美觀而言不可或缺」，法國專家G．非洛多（G.Filaudeau）於一九三四年一場化學專家集會上如此表示。[36]在一張一九五二年推銷某種最受歡迎的硝化混合物「布拉格之粉®」（Prague Powder®）的宣傳頁上，製造商解釋道，從清潔的角度出發，廚房用鹽（氯化鈉）是唯一不可或缺的成分，但加入硝酸鹽便能夠轉變色澤：「若正確地使用食鹽，便能完整地保存豬肉，但這樣一來，肉片切面僅能是灰色的。當我們加入布拉格之粉®時，除了有著一樣的保存效果，而且肉還會是紅色的。」[37]

更誇張的是，還有人去申請了專利。無論在美國或歐洲，硝化豬肉製品的製造都是種專利。為了在法律上保護他們的創新，化學家與添加物的製造商們必須精確描寫這些化學式能造成的效果。因而，專利書便讓我們得以一窺使用硝酸鈉的真正動機。他們毫不掩飾地表示，硝化添加物的主要作用就是添色。業界中最廣受尊敬、最多產的發明家——他也發明了幾乎在所有場合都取代煙燻製程的「液態燻煙」——就在一九五六年這麼說：「最初，肉品的醃製主要著眼於沒有冷藏時也能予以保存。基本上，就是用食鹽處理肉品的程序。但較晚時，人們發現只要加入了硝酸鹽與／或亞硝酸鹽，就可以產生誘人的色澤，某種即使在煮熟後仍然持續顯現出的紅色或粉紅色。」[38]同樣地，一則一九三四年的專利明載著食鹽與硝化添加物的功能對比：「氯化鈉能保存肉品，但若混合硝酸鹽／亞硝酸鹽的話，就能顯出好看的色澤。」[39]

大西洋兩岸的衛生相關單位也一致同意。一九四一年，德國肉品醃漬專家拉斐爾．科勒（Raphael Koller）直接寫道：「硝石與硝酸鹽的主要目的——最初時，還是唯一目的——就是它能對肉品自然色澤起作用，亦即在醃肉與香腸上顯出某種被認為能引起胃口的鮮紅色澤（『醃肉的紅色』）。儘管色調會有點改變，但染上的色澤在煮熟後依然存在。」[40]一九五三年，美國農業部在一張重複編輯出版了好幾次的宣傳頁上表示：「您可以只使用食鹽、鹽與糖，或鹽與硝石來醃肉。」這篇文字指出，「記得：能保存肉品的是食鹽」，而硝石則「只有在肉裡摻入紅色的功能」[41]。

就像上面提到針對醃肉業者的廣告，在一份法國技術手冊裡，一則一九六五年的廣告宣稱：「粉紅色的火腿？有了「Nitral」就很容易！（它）能給您令人垂涎的、持久不變的鮮豔粉紅色澤。」[42]它同時也是一種「絕佳的殺菌劑」。該公司還提供：「薔薇」（Eglantine，粉紅染色鹽）、「全玫瑰」（Tourose，立即染紅色劑）、「燦爛」（Radieux，防腐與醃漬用鹽）、「鹽玫瑰」（Selrose，持久染紅色劑）[43]等。這篇文字說明道，「鹽玫瑰」「既是防腐劑也是染紅色劑。……它會將血液中的顯色物質或血紅蛋白，轉換為色彩更深的亞硝基血紅蛋白」[44]。這家製造商還推銷自家的「活性染紅色劑」——「科羅拉多」（Colorado）與「玫瑰漬」（Salaisonia rose，染紅色鹽）：「『玫瑰漬』能與肉中血色產生作用。它能固定色彩，就像硫代硫酸鹽能固定相片顯色一樣。」[45]一九四八年，法國染紅鹽品業界的老兵Cristal Montégut公司推出一種創新錠劑形式的添加物：「pic-rose」[46]。幾年之後，另一家公司Berry推出「Bellechair」與「Rougeail」兩種添加物，與「Magie Rose」和「Magique Rose」等粉劑。在其一九六九年型錄中，這家廠商推銷自家硝酸鹽「Roujax」與「全新奇蹟染紅色劑Zoé」的傑出功能。[47]另一家製造商Colorant Klotz S.A.推出「Roseline 66」（「無可比擬的染紅防腐劑」），還有「Victorose」，名稱就強調其作用之快（可看做法文的vite-au-rose，即「快紅」）[48]。我們還能看到[49]「Rougesec」、「Derosin」、「Cuitrose」、「Cueose」、「Yrosy」等。在今天，所有用意太明顯的名稱都已經消失了。添加劑販賣商與豬肉製品工業保證硝化製品絕不是用來染色的。例如Herta公司在網站上宣稱在火腿中使用硝酸鹽並不是為了顯色。根據這家製造商所言，硝化作業是為了要抵擋細菌孳生，而「色澤只是使用結果之一」[50]。

保存期限的延長

一旦不再承認是為了顯色才採用硝化添加劑，業界便開始支持硝化添加劑的用量其實高於顯色所需的說法。此處亦然，技術手冊和創新專利書就能告訴我們這種論調有多正當。因為，技術文件裡還是會標出少量的硝化物是否會開始顯色，以及粉紅色澤在添加物達到較高水平時，是否仍會達成足夠的一致性、濃度與穩定性等。[51]

在最低標時，要獲得均質、持續、足以抵抗貨架照明達數星期的色澤，是非常不容易的。然而就像一九三六年豬肉製品業遊說團體（美國肉品運輸出口協會）的首席化學家所指出的，光是顯出「作為豬肉製品特色的可口色澤」[52]並不足夠。還得要維持色澤不變才行。在他名為〈為肉品製造穩定色澤〉的小冊子裡，他聲稱：「購買者會受到「**綻放**」（bloom）、也就是色澤的吸引，這自不必明言。因為肉品（特別是豬肉製品）的色澤會改變或消退，便只能降價求售，甚至報損，就算肉品完全無異狀也是一樣。」[53]

經由與肉中的血蛋白產生反應，一氧化氮能建立極為堅實的鏈結。因此，「硝基色素」的人工色澤幾乎堅不可摧。今天我們可以看到切片的豬肉製品包在透明塑膠殼中出售，銷售時間能超過四個月。另一方面，硝化添加物的穩定效果並不止於視覺面向上，它同時也能使脂肪具有抗氧化效果，阻礙其腐敗。硝化製程因而能阻止某種刺激的氣味產生，儘管這種氣味並不影響產品的營養成分，也毫無健康風險，卻顯然會影響享用的樂趣。亞硝酸鹽的抗氧化作用，使口味穩定性得以延長數星期、甚至數月，並能顯著延長某些盒裝銷售切片豬肉製品的最終消費期限（DLC）。[54]從商業角度來看，保存期限的延長必然是有利的，豬肉製品業界因此得以擴大集中生產，遠離消費區域。[55]一般而言，就像一九七八年一份財經日報在分析芝加哥股市豬肉開價時所表示的，化工處理普遍能為肉品與活體物質帶來穩定的效果，否則相當容易變質。硝化添加物使得這些商品的銷售更為順利，並且讓肉品「容易儲存與運輸」[56]。

還有其他產品能保護豬肉製品免於氧化。在一九五四年，為Olida工廠服務的生化學家們已經注意到有其他抗氧化物質能夠避免腐敗；[57]但硝化添加物的優勢，是它能**立刻**產生效果。根據專業說法，由於它的強力化學反應，這些添加物「面相多樣、功能眾多」。基本公式如下：染色＋速度加乘＋簡化製程＋延長保存時間＝無可抗拒的業界優勢。從這點來看，這些添加物確實是種奇蹟。

第2章 金玉其外的傳說

在今天，絕大多數的豬肉製品都經過硝酸鹽或亞硝酸鹽處理。根據業界說法，這是一種與火腿和臘腸的發明同樣久遠的做法。但相反地，古法其實要求相當長的時間來製作，也並不倚賴硝化物質。直到十八世紀為止，這種技術都是一種例外，甚至是種奇觀。我們已經在上面提過，例如一九六四年，肉品醃製技術中心主任、化學工程師荷內・帕盧就曾經強調，拜雍火腿的傳統做法只用純鹽，不含任何添加物。同樣地，製作乾臘腸時，「只有食鹽與胡椒是必要的，而硝石（或硝酸鹽）與含糖物質必須當成輔助添加物來考慮，只用於美化外觀，或簡化並縮短製程之時」[1]。

舉些例子：在一四七六年，一則規定指出，巴黎的豬肉製品業者只能使用「絞碎的豬肉……加入細鹽，以及精選優質茴香或其他優良香料（而除此之外皆不可使用）」[2]來製作香腸；由艾爾斯市政府保存，知名的「鄉村臘腸」食譜中，同樣也沒有硝酸鹽，只有食鹽、胡椒、丁香、豆蔻、薑、「優質白酒」等，食譜上詳細刊載了十多種素材，但許多世紀以來，沒有硝石出現過的痕跡。[3]十九世紀末，工業化改變了技術。新的「艾爾斯臘腸」不再使用精選肉品慢慢地風乾並熟成，而開始採用品質較差的、來自於「硬性剔骨」[4]所削下的肉塊。而且，借助於硝石，這種經過現代化——或說是某種「仿真」版本——的臘腸，只用一小部分的時間與成本就可製成。

著名的「法蘭克福香腸」也是這樣。傳統配方特別表明了製作過程不須倚賴硝化添加物，氣味與色澤都來自於長期的燻製。在一九六四年，荷內．帕盧指出，有時會加入亞硝酸鈉，但只是為了染色：「如果我們想要讓這些香腸多少表現出一點粉紅色調，只要前一晚加入占總重量二%、亞硝酸鈉濃度為〇．六%的亞硝化鹽。」[5]在今天，這種香腸的工業製程裡，已經少不了不經燻製過程也能為肉品染色的亞硝酸鹽了。根據美國研究指出，消費者集體測試結果發現，「在未使用亞硝酸鹽也未經燻製時，法蘭克福香腸在煮熟後會有種令人不悅的灰色」[6]。

另一個例子來自義大利：古法要求以某種植物色素為mortatdella染上粉紅色調，一般使用的是番紅花。[7]但現代化版本幾乎總是使用硝化物處理。創造奇蹟的添加物，能讓染色效果更便宜，也簡化所有製程。我們還可以列出一篇長長的名單，記下所有如今只因化學製程才得以面世的豬肉製品。難道這就是為什麼，業界總要不停地宣稱並認定硝製肉品始於文明的開端、歷史的源起時刻？

神話五千年

「硝酸鹽」（nitrate）與「亞硝酸鹽」（nitrite）之名來自於「泡鹼」（natron），一種盛產於尼羅河谷的礦物。埃及人曾用來製作木乃伊。[8]這個語源連結，是那些苦苦思考如何讓現代添加物在遠祖時代活動裡找到位置的製造商們採用的招數。例如，一篇支持亞硝酸鈉的文章就說，某種稱為nitre的物品曾被「死海附近的穴居社群使用」[9]。於是硝製肉品便不是什麼新發明——也證明這種方式不可或缺。在一九七八年美國參議院所召開的，處理硝化肉品與癌症問題的委員會中，一位企業家捍衛亞硝酸鹽，以抵抗「那些想要禁用或下架某些傳承了二十個世紀的產品的人」。他擺弄這種想像中的古老傳承，藉以要求更多時間：「我們產業需要時間和研究，才能取代這種幾千年前就開始的用法。」[10]某些作者指出「在荷馬的時代（西元前八百五十年）」[11]就已經有硝化肉品，藉以正當化亞硝酸鈉的使用；有時甚至上溯「西元前一千六百年」[12]、「大約西元前四千年」[13]，或硝石「自希羅時代」[14]就開始使用，或僅僅說是「有史以來」[15]。同樣地，《豬肉技術》（*TechniPorc*）期刊則認定「硝酸鉀或硝石（KNO_3）的使用歷史非常久遠，可以上溯五千年」[16]。

部落格、科學意見、製造商網站；無數的文字重複著這個「五千年」的象徵性年份，好為硝化豬肉製品在人類無盡的美食文化資產中找到一個位置。最近才上線的一個法國硝製豬肉製品遊說團體的網站便如此強調。info-nitrites.fr 網站上的主文開頭便是如下的歷史引介：「醃製法沿革已有五千年，當時人們發現，在有硝石、或稱硝酸鹽存在的場所，肉品能保存得更久。」[17]而幾頁後則寫道：「在肉品中使用硝石或亞硝酸鹽，是種歷史悠久的做法，可上溯至西元前三千年。這並不是近代的新發明。」[18]同樣地，今天任職於某加拿大硝製培根企業的一位前美國肉品協會 AMI 研究主管也遺憾地提到：「民眾依舊對硝酸鹽與亞硝酸鹽有著負面的觀感」，而「其實硝酸鹽與亞硝酸鹽從五千年前就被用來保存食品了。」[19]

硝化豬肉製品「自古即然」的美好歷史看似俯拾即是。在一篇博學的期刊文章裡，我們可以看到，著名的紀元一世紀農學家路修斯．寇盧邁爾（Lucius Columelle）指出，「火腿在零到十二天之間被抹上食鹽與一點硝石，而後洗淨並風乾」，文章接著說明，這「與今天採用的方法基本相同」[20]。事實上，寇盧邁爾的文字並非如此。他描述的準備手續只使用食鹽，沒有任何一點關於硝石的記載。[21]斯特拉波與老加圖（Caton l'Ancien）留下的做法書裡也是如此。[22]至於歷史學家已經掌握許多文本的高盧醃製法中，我們能確知並沒有提到硝石。[23]

就算不存在任何歷史痕跡，我們還是不能排除某些古老的部族曾多多少少在肉塊上抹過硝石礦物。若要肯定地說，在史前或希羅時代裡「從未」有過硝製肉品（誰又能證明呢？），還是有點危險的。但相對地，我們也無法認定這是種廣泛流傳或習慣性的做法。「肯定……在香腸和臘腸中加入硝石是超過兩千年的古老做法，這種說法並不能在希臘與羅馬的史料中找到佐證」，哈法葉．科勒（Raphael Koller）在一九四一年對醃製技術史的結論中如此寫道。[24]由美國歷史學家，食品保存技術專家羅伯特．寇蒂斯（Robert Curtis）在二〇〇一年出版的《古代食品科技》（*Ancient Food Technology*）一書中，也找不到硝石的痕跡。[25]考古學家薩利馬．伊克蘭（Salima Ikram）對此表示同意。這位（以法老時代肉品保存為博士論文主題的）開羅教授認為，古代埃及的肉品裡根本就沒有硝石！[26]有的話也是在木乃伊裡……。

古老的傳統？或中世紀的奇觀？

與當代製造商想要幫自家產品撰寫的理想家譜剛好相反，硝製法是到了現代才廣泛流傳。說到在豬肉製品上使用亞硝酸鈉獲得法國授權的漫長程序時，法國專家翁黑．謝芙帖（Henri Cheftel）與路易・特雨費（Louis Truffert）寫道，醃製肉品最初時只使用鹽（粗鹽或食鹽），而硝石的使用是在非常晚近才出現，並專門用於肉品的染色。[27]同樣地，德國聯邦肉品研究中心的專家認定，千年來人類是靠著鹽（氯化鈉）來保存肉品，而添加硝石只有在現代才開始。[28]自此，硝製法才取代了肉品熟成與染色的古老技術，例如上文中提到的：燻製、具有染色效果的植物萃取物（刺柏、茜草或甜菜汁、小辣椒、番紅花等染色香料，以及胭脂樹或薑黃等）、胭脂蟲色素（某種朱紅色粉）、紅酒萃取物，或就只使用甜椒。*

在某些肉類中規律使用硝製法的最早紀錄，低調地出現在中世紀晚期。一份十四世紀的羊皮紙文件指出，可以為野味抹上「salt of poite」，亦即硝石。[29]當時硝酸鉀擁有無所不能的名聲：一位作者建議將其用來舒緩狗咬的傷口；另有一位指出硝酸鉀可用來治療腹瀉、痛風、疥瘡、瘻管等「以及所有腫瘤和炎症」[30]；一位醫師建議將其用來對抗黃疸與氣喘、治療關節炎，甚至用來預防寄生蟲；又有一位用其來治療傷口、當作消毒劑使用。[31]許多歷史學家表示，許多藥水常會從藥師的櫃檯移轉到廚房，療方與藥劑

* 直到十九世紀之前，用番紅花為火腿染色非常盛行。在奧維尼地區，紅酒至今仍是傳統豬肉製品最常使用的色素。至於甜椒則用於正版的西班牙辣腸chorizo、馬洛卡島的lonaniza與sobrasada等產品上。

成為一張長長的列表，提供製造食料的各種配方。[32] 硝石是否也從這裡找到了走進肉品的路徑呢？

許多線索指向了火器的散播：硝酸鹽是黑粉或砲火藥的主要成分。在這裡，製程的誕生之地也同樣非常難以確認。是某些阿拉伯鍊金術師首先掌握了硝石與火的關係？又或者是某些中國術士發現了「飛火」的製造法，才造就了火藥？無論如何，配方終究流入了歐洲人手中。隨著時光流逝，煙火師們實驗各種配方以求更強力的火藥，直到落實了六份硝石、一份硫磺、一份或兩份煤炭的比例為止。

沒有硝石，戰爭幾乎無法有效率地進行。不可能攻擊，也不可能防衛。因此，在歐洲各國之間發展出採集與精煉這種神奇戰略性物質的有效網絡，我們有時會稱之為「sal bombardicum」（譯註：火藥的拉丁化名稱，意為「火藥鹽」）。在狩獵時，射擊者們曾注意到野生動物被火藥擊中的部位，會比其他部位保存更久，也產生更誘人的色調嗎？許多歷史學家採用了這種假說，將硝化食品的廣泛傳播連結上火繩槍與步槍的發明。在一九五二年對健康部的報告之中，法國人翁黑・謝芙帖與路易・特雨費因此將硝化添加物的使用上溯至中世紀。他們指出，此時使用硝化添加物是意在「固定鮮紅色調」。作為硝化添加物的狂熱推廣者，他們又指出：「這種硝石的和平用途，可能是在用來製造砲火藥之後很快就出現。幾世紀以來，對人類毫無犯意；至於對這物質的另一種用途，恐怕我們就很難這麼說了。」[33]對英國歷史學家珍妮佛．史帖（Jennifer Stead）而言，硝石在肉品上的使用是在十七世紀廣傳開來的，「當我們發現自己能在野味上塗抹火藥而使其保存更久時」[34]。另一方面，美國作家馬克．克蘭斯基（Mark Kurlansky）則將硝石的現身提前一個世紀。據他所說，這是基於波蘭偷獵者保存自己獵來野味的方法，「在割斷喉嚨的動物身上塗抹食鹽與火藥的混合物」，能獲得一種鮮紅的色調，「與肉的自然色調更為接近」[35]。

一位德國流行病學家，克勞斯．勞爾（Klaus Lauer），篩選了法蘭克福廚藝學院歷史收藏中保存的食譜書，如今這些都已亡佚。根據他的研究，要到十七世紀末期，硝製法才開始在德國散布。[36]在歐洲其他地方，人們則發現了愛爾蘭化學家羅伯特．波以耳（Robert Boyle）在一六六四年寫下的記事：「某些原創人（好奇的人）用硝石醃製牛舌」[37]。根據波以爾，這種做法完全只是為了美化肉品的視覺表現，「只是為了讓它看來很紅」。在同一時代，不列顛醫師威廉．克拉克（William Clarke）寫成一本書，列舉硝石的不同應用。他描述了某種極為有效而活躍的萬用藥劑，讓他自認為看到了無數世代煉金師遍尋不著的「大靈藥」（Grand élixir）最重要的原料。在與黏土混合後，硝石會產生硝酸（強水）與硝化氫氯酸（王水），能融解一切物質。淘金者們用它來溶解並淨化金片，雕刻師們用它來修整合金。玻璃師傅在祕密調製的過程裡加入硝石，染布工人則用來穩定色彩，在鑄造師傅手上，它能促使劣質金屬衰變……。每種機械工藝都無法忽視硝酸鹽及其衍生物轉化物質的出眾能力。在書的最後，威廉·克拉克指出一種次要的用途、一種創新的手法，他認為這種手法可能會稱霸一六七〇年代的廚藝界：「對我來說，在此加上一種廚藝應用該是好的，這將能取悅家中的女主人，她們會瘋狂地迷上這種手法。以下便是此應用：硝石能為捲成肉腸的牛肉輸入一種紅色調，在其他肉上也適用……它能將肉染成紅色，還能賦予一種更宜人的口味，刺激並滿足胃口。」[38]

這些資訊也受到古代醃製技術論文的肯定。因此，一六八二年，約翰·柯林斯（John Collins）在倫敦出版了一本書[39]：身為皇家魚市會計的柯林斯用了一百五十頁來描述鹽，如各種產地，在何種魚類上使用何種醃製技術等。讀者能學會如何使用來自鹽沼或鹽井的鹽來醃製火腿，師傅們如何製作培根，豬肉製品業者偏好用哪種鹽來製作香腸（sawsedges）等。在描述普通的（使用食鹽的）醃製後，柯林斯留了許多段落給一種特殊的鹽（在批發鹽市出售的鹽塊或紅鹽），能製造紅色培根，還能為牛舌染色（同時代的其他文獻也詳細確認了這些說法）[40]。柯林斯解釋，若不使用這種特別的紅鹽，也可以採用純硝石（硝酸鉀）；而後他又用了許多頁來描述硝石，提及其產地與軍事用途。約翰·柯林斯精準的敘述，表示在工業革命之前，豬肉製品的硝化製法並非常態，而是只在某些產品上施作，也只是一種簡單、迅速且有效的染色方案。

星火燎原

對美食書籍的分析揭示了這種程序的緩慢普及化：關於硝石的軼事與參照，從十八世紀開始逐漸增多。[41]這種技術首先看似只用於有限的產品上，亦即尋求特別濃烈的染色效果的產品。尤其是牛舌，烹煮後看起來總是很不討喜。在各式手冊中，牛舌總是最先成為普遍硝製的部位，如愛彌兒．左拉（Émile Zola）提到：「史特拉斯堡的燒牛舌，鮮紅以飾，在蒼白的香腸與豬腳旁豔紅如血。」[42]在硝製法普及之前，豬肉製品的手冊裡提供可遵循的步驟，用來製作「鮮紅舌」：使用烹煮胭脂蟲所得的胭脂。要用上六到十公斤泡開的蟲子，才能產出一公斤的胭脂，可用來製作二十公升的染色液。靠硝酸鹽染色成本較低，或許也比較有效：一九七〇年，一則鮮紅牛肉的食譜指出，硝石能造出「硃砂般的紅色」[43]。

要注意的是，在食品界散播的硝石並不是獨立的事件。隨著化學的發展，大量的新物質便出現在食物之中。例如明礬，即某種硫化鋁與硫化鉀的混合物。明礬在初始產業間使用已久（特別用來作為染劑），在十八世紀時成為一種麵粉中相當常見的添加物，因為它能讓麵包更白，更為大眾所接受。[44]而後明礬出現在臘腸工廠，用來固著腸衣上的色調，並製造一種宜人的「煙燻」色調。[45]

在整個歐洲，十八世紀末期因軍事用途進口與精煉技術迅速進展，而致使硝石產量顯著增加。肉品色素的商機亦隨之蓬勃發展。在法國，出現了第一批的專業賣家。[46]研究此行業的歷史學家指認出先鋒者之一：一九七二年大革命前，某位卡梅爾教派的僧侶查爾斯・羅伯特（Charles Robert）在尼姆斯成為藥劑師，而他是頭一位把豬肉製品專用硝石劑商業化的法國人。[47]自一八二〇至一八三〇年起，我們開始看到歐洲小工坊使用硝製的記載（「一點硝石有助於舌類的處理，這種物質能產生美麗的色澤」）[48]，為美國農人出版的讀物中也有提及。[49]在法國，《侯黑手冊》（*Manuel Roret*，一八二七）解釋道：「豬肉，如同牛肉，會在醃製時產生一種泛綠的色澤；如果在五里耳的鹽裡混合一盎司的硝石，肌肉纖維就會染上漂亮的紅色。」[50]某些作品已經開始鼓吹硝製法的普及使用。一八四八年於巴黎出版的《天主教百科全書》提供六種醃漬鹽的配方——全都含有硝石。有篇食譜特別提到色澤：比起其他食譜，這篇提到的方法能讓肉品染上一種「熾熱的紅色」[51]。

在產品需要靠船運輸時，特別會建議以硝化處理，人們稱之為「船艦肉」[52]。海軍總醫官呼籲在為軍人準備肉品時採用這類處理：「硝石對血液產生的作用，使得肉品得以保存朱紅色澤，吸引眼光，也遠離一切腐敗的懸念。」[53]因為，在染色的功能之外，殺菌的效果同樣誘人。硝石消毒的能力可簡化倉儲措施，也延長保存期，儘管在熱帶氣候下也沒問題。我們能找到不少建議用硝製法延長保存期限的文字，包括在禽肉[54]、魚類[55]或甚至乳製品上。硝石可延長奶油不需冷藏的時間，甚至可以在它逐漸變質時使其「重新活化」。在英國，我們還能找到一種以硝石為主原料的混合物，以「乳酪粉」為名販售，用於避免乳酪在發酵過程中腐敗。[56]一條一八二〇年的加拿大法律，規定必須對出口的桶裝牛肉進行硝製處理。[57]在愛爾蘭，醃製工坊因此迅速擴張，法國當局也希望軍備供應商能予以效法。一則於一八二三年出版的調查報告指出，人們「除非我們明白要求」，否則不會使用硝製法，而在基本上為海軍訂購時，「為供給艦隊的肉品簽訂的合約裡，明定必須在一公擔的肉中加入二盎司的硝石；同時也須在醃肉換桶時撒上硝石粉。依此契約規定並保證，肉品須保存至抵達印度群島之後六個月止」[58]。

斷續使用的技術

對於硝製豬肉製品的敘述，給予我們不規律的印象。儘管今天硝化添加物受到系統性——或可說是自動化——的應用，古代文獻卻通常指出其使用只是偶一為之，也僅限於某些產品。約翰·諾特（John Nott）所寫的《廚人字典》（*The Cook's and Confectioner's Dictionary*，一七二三）與漢娜·葛拉斯（Hannah Glasse）的《廚房之藝》（*The Art of*

Cookery Made Plain and Easy，一七四七）已有許多採用硝石的記載，[59]但在豬肉製品上，則還未見系統性的使用。在一篇一七七七年於維也納出版的法文文獻中，番紅花依然是為臘腸染色的特定用料，不過也建議在火腿上塗抹硝石。[60]在一位法國軍人的摘要中，也記載著同樣的訊息，刊於一八一八年的《工藝與製造年鑑》（*Annales des arts et maniufactures*）中。作為工兵部隊的上尉軍官，他詳述一則在漢堡當地生產大量豬肉（火腿、香腸、肥肉丁……）與牛肉的工廠中所做的調查。作者詳細地描述了其採用的鹽份特質、使用方法、靜置與煙燻的時間等。他特別指出，人們只採用「廚房裡的白色食鹽」，但也有可能使用硝石「以製造出人們稱為『鮮紅』燻牛肉的產品」。若是如此，「人們會預先撒上並塗抹三份食鹽與一份硝石的混合物。但我們也注意到，儘管加入硝石可使牛肉顯色，但也有著使其較硬的缺點。」[61]

依據《法國美食普及字典》（*Dictionnaire générale de la cuisine française*，一八五三）的解釋，硝石能使鹽醃的肉品染紅（「這就是為什麼在醃製牛腱、燻舌與火腿時會加入硝石」）。除了可以獲取「鮮紅」的肉塊之外，字典還建議將硝石用於chorizo、「里昂短香腸」、「名為波隆那的香腸」，以及為了模仿拜雍產品而「採用拜雍『製法』的火腿」等。[62]相對地，《歐洲廚人》（*Le Cuisinier européen*，一八六三）中刊載的〈一般醃製做法〉則並未提及硝石。[63]而其他文獻則建議繼續使用辣椒來為chorizo染色。獸醫提奧多・布里葉（Théodore Bourrier），也是肉品專家、巴黎屠宰場與豬肉製品業總督察，提議許多醃製的技術，有些使用硝石，有些不用。他寫道：「許多人會在每公斤的鹽中加入六十克的硝石。這樣做會使肉品表面硬化，使其對環境影響較不敏感，並產生一種美麗的粉紅色澤。」[64]但在一八九七年，他又重新建議在舌肉上使用胭脂染色。[65]

最普遍使用硝製法的產品，是在萊茵河彼岸的諸多特產，因為德國民眾一直以來都喜好粉紅色的豬肉製品。[66]《豬肉製品實作》（*Charcuterie pratique*，一八八四）書中有一章〈德國豬肉製品〉，裡面幾乎所有食譜都提及硝石。[67]《新版指南大全》（*Nouveau Manuel Complet*，一八六九）指出，硝石可以造就「西伐利亞火腿的美麗鮮紅色」[68]，而《古今豬肉製品》（*Charcuterie ancienne et moderne*，一八六九）只有在論及某些德式火腿與醃牛肉時才提到硝酸鹽：「漢堡牛肉的聲名來自於其鮮紅的色澤，但那並非只是表面；這種色澤並非基於肉的品質，而純粹是因為在製作時使用了硝石與鹽的混合物。」[69]

在德國以外，硝製處理經常讓人聯想到英國產品。艾爾芳斯・哥本（Alphonse Gobin）教授的《肉豬畜養實作精解》（*Précis pratique de l'élevage du porc*，一八八二）可為代表：在製作肥肉丁時，他提供一種只使用鹽的法國做法，而後指出英國人會再加上糖與硝石，他並將硝石的使用視為是這種「英國工法」[70]的特質。在美國，儘管芝加哥豬肉製品業界推廣了硝製處理，某些傳統的製造商依然不從。一八八一年的某份密蘇里州報紙反對將「鹽＋硝石」混合物作為食鹽替代品：「《國家畜牧報》強調火腿在除了鹽之外不用其他材料製作時，火腿的香味更佳，色澤更自然，**而如果謹慎進行醃製工序的話**，火腿依其尺寸，能在六至八星期後進行煙燻。硝石能使肉品染紅並硬化。無疑地，它能加快製程，但這速度卻會以損及風味作為代價。」[71]

「加速醃製」與「黑刺李鹽」

在染色效果之外，減少製造時間也當然是硝石的基礎優勢之一。我們可以藉由閱讀一八三六年出版的《當代廚人世界》（*Le cuisinier moderne mis à la portér de tout le monde*）得知一二。[72]許多食譜（波隆那短香腸、米蘭短香腸……）並不要求硝石，但作者卻建議用它來製作「里昂香腸」，只需八天的風乾，而更好的是，「拜雍火腿」只需三星期（而非傳統上需要的九個月）。這種工法能讓我們一年四季，無論冷熱，都能做出某種擬仿的拜雍火腿。某種加入硝酸鹽的醃製用鹽液取代了長時間的熟成。另外，一系列的硝製處理（「桑松〔Sanson〕工法」）則能在十七天內產出可保存非常久的肉品，完全不需要烹煮或煙燻。[73]借助於硝酸鹽，另一位作者朱勒．古非（Jules Gouffé）提出在家也可以學做十四天內完成的醃牛肉，以及十五天內完成的「拜雍火腿」……。[74]

這些工法預見了某些現代食品的面向。儘管醃製原是種防腐技術，「硝石醃製」則意在完成一種，從感官面上來說「像是」模仿對象的產品。換句話說，就是種模擬。許多文獻因而描述一種「加速醃製」技術，其中使用的硝石量之高（與水比例一比四），甚至超過鹽分比例。[75]在這種無鹽的「醃製」法之下，兩天的程序取代了四星期的作業與等待。「『加速醃製』，人們用小火在一定的水與硝石混合液中把肉煮熟……。用這種可見於法國的方法，能讓肉品在四十八小時之後就出廠；產品與漢堡的醃肉同樣堅韌、同樣鮮紅、同樣美味，而當地的作業需要四個星期。」[76]要再次強調的是，這些工法在古代文獻中是以祕方的形式出現的，是種讓家中女主人能自行製作具有傳統工法特徵食品（主要是視覺上，也可以複製部分風味）的小妙招。

另外有種方法也引起了豬肉製品化工歷史學家的興趣。不少美國企業寫道：「許多古老的醃製食譜都強調要使用一點點的『黑刺李鹽』（sel-prunelle），讓肉品呈現好看的色澤。」[77]有些豬肉製品的做法將黑刺李鹽（或夏枯草鹽）視為某種「濃縮形式的硝石」，而研究相關歷史的業界人士則認為這是亞硝酸鹽的首次記載。[78]一開始時，黑刺李鹽是供醫學專用的產品。許多藥學論文描述了它的製作方式：混合硫磺與硝石直至彼此融合，再灌模製成錠狀。[79]「黑刺李鹽」字義的來源並不可考，但許多古時藥師都指出這個名字來自於產品的小球形狀，「就像黑刺李一樣」。另外有些化學製藥師則認為這應該是指涉藥錠能治療的疾病：「黑刺李熱病，或熾熱的高燒。」[80]將它用於豬肉製品的記載，是出現在十八世紀的英國食譜之中。約翰．諾特的《廚人字典》（一七二三）與漢娜．葛拉斯的《廚房之藝》（一七四七）接連刊出一種「野味」牛肉食譜，使用鹽、硝石與黑刺李鹽。[82]這裡的建議用量「足以染紅整頭牛」[82]。我們能在整個十九世紀的食譜中找到黑刺李鹽，當時人們用它來染紅並保存各式肉品。《家庭烹飪新方案》（*New System of Domestic Cookery*，一八〇七）一書使用黑刺李鹽處理牛舌，以及製造火腿；同樣的記載也出現在《屬於女士的烹飪書》（*The Lady's Own Cookery Book*，一八四四）中。[83]在一份一八四七年的手冊裡，詹姆士．羅賓森（James Robinson）提出一種製作「香料培根」的配方，其中他刪去硝石，代之以黑刺李鹽。他同時也建議採用某種黑刺李鹽與硝石的混合物來製作「匈牙利牛肉」（色澤特別鮮紅）以及「英美」風格的火腿。[84]最後，一本一八六四年的著作可以用來標誌出黑刺李鹽製法的巔峰時期。該著作由一位自稱「醃製品批發製造商」的作者在倫敦出版，描述豬肉製品生產的流行技術。其中有十多種食譜都採用黑刺李鹽，其他幾乎全都採用硝製。[85]

在一八九九年，黑刺李鹽依然出現在某些為加拿大豬肉製品製造商寫就的出版品上，[86]而到了二十世紀，有時它還會出現在一些英國醃肉工業製造技術讀物裡。[87]但這些文字看來都已經不合時宜，因為這段時間裡出現了大量的硝化產品，終結了倚賴經驗的時代，以及與其起源的親近性。在十九世紀末期，想要為產品染色的豬肉製品生產商，再也不需要跑去藥師的倉庫裡挖寶了。化學工業才剛誕生，人們在實驗室裡組成各種特製且可靠的防腐—染色劑。硝製法進入了科學的年代。

第3章 全新的豬肉製品與肉品包裝業的勝利

在十九世紀初，歐洲只認識一種硝石：硝酸鉀。一八二〇年後，一種新的硝石出現了：硝酸鈉，或稱「硝化蘇打」（nitrate de soude，譯註：為硝酸鈉在法文世界的別稱），來自拉丁美洲的沙漠中，在安第斯山脈下發現的廣大礦床。不過幾年間，一整群的船便載來智利硝石，餵養歐洲的港口。這種硝酸鹽主要用作肥料，但它也對豬肉製品的染色有著獨特的效用，比硝酸鉀的效果更快。一份技術文件解釋道：「比較起來，硝化蘇打（或「智利硝石」）稍微更有效：十七克的硝化蘇打可以取代二十克的硝石。」[1]它在整個十九世紀中不斷散布。一八九五年，一份美國的文獻中建議交替使用這兩種產品：「要出口的與供應本地消費的肉品，處理方式稍有不同，由於色澤是對上述市場最重要的因素之一。因而，人們使用相當數量的硝石或硝化蘇打，無論是哪一種都能達成同樣的目的。」[2]

紅色風暴

十九世紀的最後幾十年，人們見證了豬肉製品人工染色劑的爆發。在一八九九年，兩位德國專家，任職於皇家健康單位的局克納克（Juckenack）與森德納（Sendtner）博士寫道，紅色豬肉製品的競爭不停地膨脹：「肉品加工用的人工染色劑，大約在五十多年前開始在德國某些地區出現並逐漸散播。這都是受到可稱為某種「外觀競爭」的影響。」[3]這包括了粉末與瓶裝濃縮劑。不到一年，在漢諾威，食品檢查單位標定了四種全新的液體配方：一種以二十五%的鹽與三十%的硼酸＊和三十九%的硝石，其餘則是水與澱粉；另外兩種含有醋酸鋁、硝石與糖；最後一種則是鹽、糖與硝石的溶液。[4]在幾年間，衛生當局見證了全球市場的浮現，其中歐洲的防腐—染紅劑與美國的各種發明分庭抗禮。冗長的列表占滿了一頁又一頁的官方報告書。[5]

我們看到Viandol（醋酸鋁與硝石）、Securo（同樣成分另加上糖）、Carniform與Karneol（硝石＋磷酸鹽）、Nadal（鹽＋硝石＋苯甲酸）、Lipsia（苯甲酸＋鹽）、Montégut

＊ 就像肉品硝製法一樣，硼製法也在十九世紀飛速地發展。硼砂（或硼酸鈉）是一種硼酸鹽。其礦床常與硝化蘇打的礦床相鄰，功能也有互補，因為硼砂幾無染色作用，卻有顯著的防腐能力。由於就像硝酸鹽一般會產生具有危害性的化合物，硼砂因而被禁用。今天人們只用它來清潔或製藥。

鹽（鹽＋硝石）、Conservaline（鹽＋硝石＋高氯酸鹽）、Antiferment與Le National（硼砂）。還有Freezine、Freeze-Em、Iceline、Special M、Preservaline BB、KMS防腐粉、Viandine Reg Magnus、Sportsman's Rex、Maas防腐鹽與Waldstein's、Hydrin、Zeolith、Nova、Sel de Conserve、Cassalin……。為數眾多的製程包含了硼砂或硼酸（品牌計有Couleur-Viande Rosalind、Boroglycin、Antisepticum、Glacialin等），還有其他的則基於亞硫酸鈉（Conserve-viande Cristal、Excelsior等）或亞硫酸氫鈉（Double Cone、Phlordaritt）；另外則有些基於氟化鈉或硫化鋁等。還有一些會結合不同的原料，例如Carnit（醋酸鋁與硝石溶液）或Eminent（鹽＋硝石）、Sel de Cologne（鹽＋苯甲酸鈉＋硝石）、Enfin Trouvé（鹽＋硝石＋磷酸鈉），還有Brilliant（鋁酸鈉＋苯甲酸鈉＋磷酸鈉）等。混合硝酸鹽＋硼砂、硼酸＋亞硫酸鹽的產品也所在多有（Sel de maintien、Sel Kuhlrott、Saumure-Sanitat防腐液等）。同樣也有主要成分為氯仿的肉品防腐劑。[6]只要發現了某種化學產物能阻止細胞增生，就總會有某位具生意頭腦的化學家把它稀釋裝瓶當成「防腐劑」出售，強調其殺菌能力，並宣稱因經過高度稀釋而不會造成傷害。在法國，就算是福馬林（甲醛）和漂白水（次氯酸鈉）都曾經藉「防腐」和「預防細菌感染」[7]的功能來銷售。

在一九〇七年，一份加拿大的報告認定某些添加劑的製造商以非常複雜的手續結合各種原料，以避過稽查（像是Lakolin結合硼酸、亞硫酸鈉與甘油）；還有一些貼上保證性的標誌，像是「經證明無害」或「最終產品中無法檢出」等；另外有些就靠「調味劑」、「香料」或「香料鹽」（Spice Salt）之類蒙混過關[8]（香料鹽其實不過就是鹽＋亞硫酸鹽＋硝石的混合物，再加上微不足道的香料，「肉品香料鹽」則是一種含有等量的硝化蘇打與胡椒的液體）。

在德國，二十世紀最初期，某些產品還清楚地強調自己染紅的功效——因而有了稱為「血紅」（Blutroth）、「紅腸衣」（Darmroth）的粉末，或名為「血紅肉汁」（Blutrother Fleischsaft）、「紅臘腸」（Wurstroth）的液體等。但色素已經形象不佳，它們被看做類似化妝品或煙火之類的手續。[9]這就是為什麼它們常會作為「防腐劑」出售——不要再說它們「保存」了什麼，保存下來的不過就是顏色……。在當時的毒物學期刊裡，我們能找到數十篇反對這些「冒牌防腐劑」的文章。就如同「Borolin臘腸防腐鹽」或「香腸防腐香料」之類，不過就是糖、鹽、硼砂蘇打、硝石與硫酸蘇打的混合物，用於為香腸、短香腸（cervelas）與沙拉米臘腸染色。[10]同樣地，在一九〇七年，德國衛生單位的一位毒物學家詳細描述了不同的「偽防腐劑」（德文為sogenannter Konservierungsmittel）出現在市場上，並解釋道，事實上這些產品的使用方法都只提到染色的作用，商販也向他坦承這些產品實際上只是用來製造紅色肉品而已。[11]醫師們注意到，「沒有染色」的豬肉製品消失了，因為消費者相信這代表著品質較差。基於競爭的自然規則，所有肉製品都變成了粉紅色或紅色，而民眾也已經習以為常。一位毒物學家無能阻止廣大肉舖的染紅趨勢，作出警告：「進行這種沒有任何正當性的實驗，是將消費者的健康玩弄於掌心。」[12]

自從十九世紀末以來，所有觀察者都一致認為要注意染色肉品的普及化——這甚至遍及有著最久遠豬肉製品傳統的城鎮。例如知名傳統香腸kielbasa集中地，波蘭城市布列斯勞，在一八九七年，衛生督察檢驗所主任回顧自己在市場上抽樣的結果時表示：「用於防腐的物質並不只用在新鮮肉品上，最近人們也用在臘腸上了。」[13]他描述香腸與臘腸的人工色素時，就像在描述一場流行病。偽造的與使用硫酸處理的豬肉製品遍及四處，「規規矩矩做臘腸的工坊已經不像以前那樣容易碰到了」，以至於「只剩下德國的幾個地區還知道怎麼製作」。他結論道：「唯一的方法，就是告知大眾。說到最後，最好還是逐漸降低外國臘腸可觀的進口量，並在製造時盡可能謹慎小心，應該才是對製造商最有利的結果。」[14]三年後，他表示化學染色劑依然在推展，所有在一九〇〇年來自布列斯勞的臘腸，全都藉由不靠顯微鏡就無法檢測的工序予以染色。[15]在科學期刊裡，一整串的文章都寫下相同的程序：研究者進行實驗，分析染色添加物、辨明成分，[16]或精進檢測技術，[17]或反對無限增長的各種染紅劑。[18]

在一九〇八年，醫學期刊《刺胳針》（*The Lancet*）批評當局未能採取必要措施保護消費者，避免「就算在已消毒的產品上也」使用防腐劑的製造商，這表示他們使用防腐劑只是用於染色而已。《刺胳針》質疑，罪魁禍首是否為添加劑的商販，「從不放棄任何吹噓自家產品優點的機會」，而在推銷時「使用夢幻的名號，完全無法指出成分，還配上只要正確使用就不會有法律問題的保證。一整個產業的製造商都被這些話術、這些產品顯示的龐大商機，以及這些防腐劑不會有害，甚至好處多多的念頭所誘惑」[19]。

「肉品包裝業」的誕生

在能用來解釋防腐—染紅劑普及化的歷史元素中，有種現象扮演著吃重的角色。十九世紀正是一種新型態場所誕生的時刻，這種場所被用於「大量」生產豬肉製品，這種說法也在當時誕生。在法國，相關的發想原先還算低調（一八二九年，一位觀察者因當時的生產還未得到發展而感到遺憾）[20]，而產業的雛形則在歐洲其他地方誕生，特別是在愛爾蘭南部（科克郡的火腿製造商）與德國北部（漢堡的大型燻製業）。產業發展真正的火車頭，則是在大西洋的彼岸，當然，是美國，這塊一切都有可能的新大陸。這裡是發明現代食品業的煉爐，畫下未來藍圖的第一條線：現代的肉品，「packers」的肉品。該怎麼翻譯這個詞呢？簡單地說，packers（或 meatpackers，殊途同歸）是工業時代的第一批「豬肉製品生產者」。但，嚴格說起來，他們並不是豬肉製品的生產者，而是

「處理者」、「包裝者」或「寄送者」[21]。在十八世紀，幾個麻薩諸塞州的小屠宰場開始用桶子或箱子來包裝（pack）醃肉，而後販售給遠洋航運上偏遠的「貿易站」，或某些在地的批發商。[22]漸漸地，這種活動開始往西移動。在辛辛那提，人們屠宰豬隻的數量之大，很快就讓這座城市正式取得「大豬會」的別名。數百名商販將豬肉裝入酒桶、箱櫃或巨大的木桶中。[23]

肉品具有活性又脆弱，只能在冬季進行處理，因為室外的寒冷能讓整個環境變成巨大的自然冰箱：「屠宰的季節從十一月持續至三月」，《哈波週報》（*Harpers Weekly*）在一八六八年如此說明。[24]當溫度接近零度時，通往辛辛那提的路途上便擠滿了牧人帶來的家畜群。這些家畜將被送進幾十棟立於俄亥俄大河畔的建築中屠宰。接著，家畜的骨肉便會堆在手推車上送往醃製廠。這是一場與時間的賽跑，必須趕在熱天回來之前醃製最大量的肉。如果在醃製季節時溫度提高了，工坊便會停業。無論如何，這季節也只到三月為止，因為俄亥俄河開始解凍了。夏季時，屠宰場總是空無一人。包裝工們忙著以最好的價格賣出上一個冬季的產品。這些長期保存的蛋白質，對軍人、水手、農場奴隸而言，是實用的口糧，而且物美價廉。

同樣地，歐洲醃製肉品的生產也嚴格限制在冬季。例如在法國康塔勒省，一份一八二六年的報告記載著豬肉與香腸的交易「自十月起至二月底止」[25]。在里昂附近的山區，第一座臘腸工坊出現於一八六〇年，產業依然具有高度的季節性。這讓農人多拿一筆補充性的薪資，反正他們冬季也無法耕作。[26]整個歐洲都是如此，就像一位蘇格蘭醃製工人在一八九三年總結的：「才不久之前，如果有誰說要不分冬夏地生產火腿，我們立刻就會把他送去瘋人院好好思考。」[27]

但在美國最北邊的五大湖畔，遊戲規則即將改變。在密爾瓦基，年輕的威斯康辛州裡，一位野心勃勃的企業家約翰．普蘭金頓（John Plankinton），稍早於一八五〇年時興建了首座工坊，一棟木頭與磚頭蓋成的建築，可以在此屠宰豬隻，再將肉品放入木桶，以供水手食用。[28]很快地，別的包裝工也加入了：英國人約翰．萊頓（John Layton）與愛爾蘭出生的庫達希（Cudahy）兄弟，後者是逃出衰敗而充滿飢餓的歐洲的屠夫後代。每個人都彼此競逐著能量與野心。在幾十年間，他們徹底審視了豬肉保存的方法，並奠定一種全新活動的基礎：此即肉品加工（meat-processing）。透過機械化，他們重新發明了「包含了將一頭豬割為十五個玉米桶的肉，並將這頭豬置於木桶中，翻山越海地寄送，以餵食整個星球的系統」[29]。在南北戰爭期間（一八六一至一八六五年），軍需的刺激使包裝工業獲得前所未有的擴張。數字呈現了時代的巨大：在一八六〇年間，密爾瓦基醃製了五萬一千頭豬。不到兩年，這個數字提高為十八萬兩千頭。[30]

密爾瓦基南方一百公里處，另一座遍布屠宰場的城市也即將站上舞台。位於原野與牧場、鹽礦、冰塊儲備庫（五大湖），以及可連結消費中心的鐵路等交會之處，芝加哥在短短幾十年間脫穎而出。由一八四〇年時的四千五百名居民，到一八六〇年時超過十一萬二千人，一八八〇年五十萬人，在世紀結束前又再增為三倍。包裝工業全速發展，芝加哥成為醃肉大城的領導者，產量比密爾瓦基多一倍，更遠遠拋下辛辛那提。光是一家坐落於芝加哥的Armour公司，就能抵過數十家辛辛那提工廠的火腿與培根產量。[31]從一個五大湖畔小小的鐵路終點站，這塊占地只有幾畝的沼澤地搖身一變，成為肉類產品的世界首都。如果是牛肉，主要販售的是鮮肉，亦即不經過轉化加工。至於豬肉，幾乎全都經過「處理」，轉化成為「豬肉製品」。幾無例外地，全都經由硝酸鉀、硝酸鈉、硫酸鈉或硼酸鈉處理。在這裡，沒有長期熟成的問題。火腿如此，臘腸亦然。工廠使用最現代的技術、最短的工序，發酵與熟成看似皆已過時。比起長期熟成的沙拉米臘腸，人們更偏好近似的產品：經硝酸鹽與硫酸鹽處理，以迅速染紅與高度簡化製程所生產出的臘腸。這些臘腸保存無礙、不怕運輸、永不腐壞。它們的風味與慣用的臘腸不同，但並不重要，全新的風味也很不錯。它們與傳統臘腸有著幾乎一樣的外觀，甚至可說更為美觀：堅實的肌理、濃郁而均衡的色澤——油脂色白，瘦肉色紅。

要記得：在硝製法問世之前，豬肉製品若想染上紅色，必須經由自然的酶化程序讓鋅原紫質顯現，但過程極長，因為鋅原紫質是在熟成的過程之中才會顯現。借助於硝化製程，生產過程縮短了，因為硝化元素在幾星期內就能使硝基色素顯現，在外觀上與自然色素極為相似。因而，我們可以跳過熟成階段，再也不必先冷藏產品，然後於涼爽處放上好幾個月。我們可以跳過冬季，只要屠宰間與製作間都能維持至少相近的冷度。「全年肉品包裝業」就此誕生，所有季節都能生產「豬肉製品」。肉品加工不再是種週期性的活動，肉品包裝業成了生產不間斷的行業。

芝加哥與全年無休的生產

在一八七〇年，超過九十%的芝加哥豬肉製品業者還在冬季與秋季末進行生產。[32]冷藏設備則是在一八六六年才出現在一座屠宰場中。[33]這種科技還在初始階段：人們從結凍的湖面上割取冰塊，放入儲存庫，靠麥管與木屑保存至夏季。先讓屠宰室配備隔離措施（裝置於牆內或樓層間），拉進大型冰塊，以期獲取一點珍貴的低溫。幾十年之後，在為這個新興產業的年輕幹部召開的課堂上，一位技術主管回憶道：「某些工廠完全是木造建築，別的則是磚塊與木頭所建，而冰塊時常占據一半以上的空間。我們用磚牆隔離工坊，在牆內留下空隙，再加上幾層隔板，中間填上木絲或木屑。」[34]

但冰塊會融化，而木屑會吸水，肉品包裝業者嘗試用軟木取代——板狀、塊狀、顆粒狀等。這些技術將肉品包裝廠的地板轉化為某種戕害身心的海綿，充滿濕氣與骯髒的溢流。[35]然而，商業需求之大，使得包裝工業裡有遠見的人都採用了這種粗糙的冷藏設施。在幾年之間，生產活動便開始「全年無休」。屠宰與處理不再僅限於每年大約一百天的期間之內，而是一年三百六十五天不斷進行。這便是「夏季包裝」[36]、也稱為「冰凍包裝」[37]或「全年包裝」[38]的開端。產量的增加難以估算：只在中西部，產量就在五年間增加了五倍。每年屠宰的豬隻數目從一八七二年的四十九萬五千頭，到一八七七年的二百五十萬頭。[39]而這還只是開始。當冷藏技術逐漸改良，在寒冷季節以外進行的包裝生產成為重心。當最早的冷藏機器出現時，製造商立刻裝備上使用阿摩尼亞的冷藏設施。這種工序所費不貲，但很快就回本，而且獲利展望無比巨大。因此，自一八九二年起，七十%的密爾瓦基包裝生產落在四月到十一月的熱季之間。[40]巨大的工廠也出現在其他城市：堪薩斯、維基塔、聖路易、奧馬哈、蘇城……

鹽漬的技術也逐漸改變以強化效率。直到當時，火腿與五花肉片都是先抹上鹽，然後再以一層鹽一層肉的方式堆起來，放置在桶中或擺放成疊。硝石令製程得以縮短，若非直接在肉上塗抹，就是先切開一道口，用圓頭桿將硝石推進火腿內部。[41]有了「全年包裝」，速度必須再加快。硝石與鹽混合物的添加方式不再是塗抹，而是注射。從清早到深夜，工人們切割肉塊、清除脂肪，全速進行「鹽漬」——亦即在肉上插入連結儲存桶的巨大針筒。這種注射（專業術語為「泵送」）在一八八〇年代開始遍及四處，美國與歐洲皆然。當時一本法文手冊便指出這使得生產時間降為三分之一。[42]

「拆解線」的革命

在一八六八年，屠宰場已經裝備有空中吊軌，用於在作業點之間移動豬隻。[43]但自從包裝業不再限於冬季的三個月期間之後，在設備上的投資也隨之擴增。[44]某些屠宰作業幾乎徹底機械化，其他作業則完全依照分工與特殊化的原則進行修正。這使得作業節奏加快，但同時也可以雇用越來越多低技術性的員工。就表面定義看起來，「包裝者／寄送者」（packers）需要的是「送件快手」。這樣的產業自然會著迷於速度，在每個步驟加入創新，翻修古老的愛爾蘭工法，並將作業全面合理化。所有可以機械化的事物都予以加速。肉品包裝業者發明了輸送帶作業。這條長鍊始自「迴轉豬輪」（或「豬仔輪」），一條在屠宰場入口掛上活豬的可怕吊軌，將豬體送入一連串拆解作業的開端。一位法國觀察者如此描述：豬隻被「從後腳捉起，吊在空中嘶吼，被宰殺、放血流乾、川燙、刮淨、掏空、斬首、一分為二，並置入冷藏室。整段時間從十到十五分鐘不等」[45]。整備火腿，注射鹽／硝酸鹽／硼酸鹽溶液，壓製培根，絞碎肉塊，清洗腸管與充填（亦即「壓製」香腸），燻製，切割，包裝。在二十年間，所有手工程序都受到重新檢視並予以機械化。一進入包裝工廠，豬隻就被打碎成上百種產品。一位訪客著迷地表示：「從屠宰間到冷藏室，持續不斷地，豬隻像是潮水一般湧流。骨肉軀幹不曾在同一地點停留超過幾秒鐘……。在大樓裡的這個地方，一切都完美演繹出精省的作業，以至於竟無任何動手搬移或拉抬豬隻的需要。」[46]因處理豬隻而發明的這條「拆解線」（譯註：相對於一般工廠中的「生產線」）將在日後用於牛肉（「拆解牛隻」需要一百五十七位工人與七十八道手續）[47]。說起來，難道亨利．福特不是在觀察這種程序時，產生了將同樣原則應用在汽車生產上的念頭嗎？[48]

美國的典範，在其他國家吸引了許多追隨者。當墨爾本政府在一八九五年指派研究任務，檢視擴增澳洲農業產量的可能性時，報告人充滿驚奇地回報：「每天送抵『家畜場』的豬隻數量非常巨大，若非親見，實難置信。在芝加哥，火車在一天之內就送來了六萬六千頭豬。」[49]他擺盪在著迷與恐懼的心情之間，描述Armour工廠這個世界最大的豬肉製品生產單位的機制：從不斷流入的豬隻，一路到送出桶裝火腿、裝滿馬車的培根與香腸、儲備於罐中的肥肉丁等。

硝石，肉品包裝業的DNA

要經過六個星期的發酵，鹽漬包心菜才會變成德式酸菜——這是靜置處理、讓乳酸菌落增生並轉化其紋理與風味，並藉以確保品質不致腐壞所需要的時間。同樣地，葡萄湯液也需要時間才能轉變為酒，乳品需要時間才能成為瑞士葛瑞爾（gruyère）、康提（comté）或法國波福（beaufort）等乳酪。在硝製法之前，帕爾馬火腿或臘腸亦然。酶需要幾個月的時間才能發揮作用。幾個月的照料，而甚至無法保證成功，若匠師一不注意，或犯個小錯，只要一次氣候不對就會讓人前功盡棄，色澤出現缺陷、風味不足、生成錯誤的菌種等。必須時時監控、檢查產品並進行操作，像是提高溫度、改變濕度……而在產品熟成的整段期間，成本完全無法回收。相反地，芝加哥系統的構思，全是為了迅速運轉並加速作業程序。長時間的熟成或許能符應季節性的生產，但卻不適於持續生產，就不用說還有不斷擴張、提高產量的需求了。除非把整座城市蓋滿風乾室，不然芝加哥的製造業者該怎麼慢慢等待發酵的時間，或肌紅蛋白的自然變異呢？

在五大湖畔，從十二月到三月的冷藏需求並不難滿足。當地的平均溫度很少超過零度。但從春季開始，問題就變得有點複雜。中西部的平原，從四月起平均溫度就超過攝氏十五度，接著升到二十八度，最高甚至可達到四十度，而誰能想像巨大的廠房卻可以一整年都維持在攝氏五到六度間呢？又該怎麼把布滿廠房、驅動機械的巨大煤炭鍋爐全部隔離呢？肉品包裝業者為了幫屠宰間維持一點低溫，都已經吃不消了。再說，只要用上硝酸鹽，就能在一小段時間裡取得同樣的成果，還不用擔心冷藏的問題，那麼誰又想會要把火腿與臘腸置放在通風的空調房裡九到十二個月，等待其色澤飽足？

根據某些美國的出版品，硝化添加物是用來抵抗某些在不衛生的廠房裡擴散的細菌，如腐敗希瓦氏菌（Bacillus putrefaciens）與Bacillus foedans（譯註：無中文譯名）等。[50]這些菌類在傳統工法中幾乎不存在，在火腿工業裡卻俯拾即是，藉由裝卸機具、溫度探針、注入醃漬液的針筒等散播。若是保養不佳，灌製器具、幫浦與針筒等都構成微生物汙染的理想環境。[51]在專業用語裡，這些火腿稱為「酸火腿」（sour hams），或更常見的說法是「stinkers」。細菌會激發某種令人反感的氣味，導致產品無法銷售。這些火腿並無衛生風險，卻無法處理，必須丟棄。

直到十九世紀下半葉，火腿都是用手塗抹揉製，而不是使用針筒注射。這就是為什麼stinkers的問題在經常採用傳統方法的醃製工坊裡幾乎完全不存在。一九一一年，一位農業部的細菌學家指出，stinkers是源於加速工業生產的方法、缺少保養，以及不遵循輸送帶作業無菌規範所導致。[52]他建議定期為注射針頭消毒。一九二六年的一份軍事報告也提出同樣的說法：「根據對不同場所的觀察，必須注意到，『酸肉』所占的百分比幾乎直接取決於從屠宰場到燻製室的衛生工作。在每個生產步驟皆確實執行消毒手續的場所，『酸肉』的數量會比那些惰於清潔的場所減少許多。」[53]但與其強化衛生，包裝業者寧可直接使用消毒劑來控制微生物的孳生：「沒有人能否認，若是棄硝石不用，就會引發酸火腿數量的增加。」一位推廣硝製法的業者在一九〇七年如此寫道。[54]

總而言之，硝化添加物正是**肉品包裝業**模式的核心。在芝加哥的工廠裡，冬季的寒冷與豬肉製品的製作時程，早已徹底被染紅劑與殺菌劑所取代。這些物質是生產運作的一部分，讓我們能「像處理某種傳統無機原物料一樣來處理肉品」，就像醫學期刊《刺胳針》在一九〇五年聲討不衛生的包裝產業時所說。[55]換句話說，肉品就像某種沒有活力的物質，像是木頭、沙粒或金屬。如果我們拿走那些殺菌—染紅劑的話，一八八〇到一九一〇年代的製造業鉅子們會怎麼樣呢？要是沒有硝酸鹽，他們該怎麼建立那麼巨大的組織，像是芝加哥的Armour工廠，在一年裡的每一天，都有五、六千名（出身自城市最窮困階層）的男人、女人和小孩在其中宰殺並掏空數萬頭豬，將其轉變為火腿與臘腸，再以最快的速度寄往世界的每個角落？

第4章

「速成豬肉製品」如何征服世界

若要了解現代豬肉製品的歷史，必須要先掌握一個被人遺忘的元素：自二十世紀初期起，汽車產業誕生之時，「肉品包裝業」已是美國領先的產業之一。這是個著重出口的產業。第二個今天已經變得模糊不清的重點是：如同棉花與麥，醃製肉品（火腿、肥肉丁、臘腸……）曾是重要的國際貿易貨品。這就是為什麼「全年包裝產業」的發明改變了豬肉製品的韻律——不只美國，所有生產國皆然。無論在何處，都有必要試著跟上這段革命性的節奏。當競爭對手能在四十八小時裡製成火腿，該怎麼繼續接受九到十二個月的生產週期？除了作為「歐洲的穀倉」之外，此時美國也變成了「全世界的醃肉桶」。借助其科技創新，芝加哥得以自稱為「全球的肉品店」[1]。

值得注意的指標：在一九〇〇年，每年由美國屠宰場所處理的豬隻數目達到五千萬頭，而美國擁有全球四十％的豬隻。[2]美國都會人口只能消化一部分的產品，其餘的都銷往海外——主要運往正經歷一場大規模農業危機的歐洲。

肉品包裝業是種出口產業

最初，肉品包裝業者聚焦於肉品生產總是受到地理環境限制的英國市場，但從一八六五年起，美國產品向全世界的市場揚帆進發；這些產品餵養了安地斯群島、古巴、海地、南美，而後是整個歐洲。[3]法國作為舊大陸上的首要豬肉生產國，起先時看來更像是競爭者而非出口市場。但很快地，法國也開始接受進口，主要是肥肉丁、火腿與罐頭等，[4]接著又進口沙拉米臘腸等。在進展過程中，美國產品的品質逐漸提高，使得推廣更為順利。在十九世紀上半葉，主要是銷售低級醃豬肉給最窮困的人口、愛爾蘭工人、南方農場奴隸。但美國業者們不斷朝著更高附加價值的方向進行創新。[5]

對於歐洲的一般大眾而言，美國的火腿與沙拉米臘腸在肉品價格不斷上漲的時期出現，就像是種意外的收穫。[6]洶湧而來的美國「加工肉品」，直接與在地製造業者形成競爭，而在一八五〇至一八八〇年之間，美國培根出口量增加了二十倍。當美國農業部的外國市場部門主管在數年後提出報告時，表達了對培根出口之巨量的驚訝之情：「一八五四年，出口量為二萬噸，在一八六三年達到九萬噸，接著是一八七三年的十八萬噸，一八七八年的二十七萬噸，以及一八八〇年的三十五噸。這是從來不曾有過的出口巨量。」[7]

法國警報

在法國的統計數字中，美國豬肉製品直到一八七〇年為止都幾乎不存在，卻在幾年之間大舉登陸。在一八七四年，法國嘗試自我保護，並突然提高美國臘腸的進口稅。美國臘腸的問題成為爭議的中心：是否應該禁止進口以保護法國生產業者？冒著被報復的風險限制進口是否正當？是否應該限制自由交易，儘管法國肉品短缺，而工人們似乎是這些廉價豬肉製品的最大受益者？歷史學家艾勒山卓・史單濟亞尼（Alessandro Stanziani）敘述某位隆河地區的居尤（Guyot）議員如何在一八七六年提出一條議案，反對阻礙火腿進口的保護主義，因為價廉的美國臘腸讓各行各業的人們都買得起「肉品」。[8]最後，芝加哥的臘腸依然持續到來，數量不斷增加，其頻率與價格都對法國製造業者造成衝擊。一八八二年，一位農業學校的教授阿道爾夫・哥邦（Adolph Gobin）提出警告：「從一八五六到一八七九年，進口量幾乎增長為五倍；開始時的數量約為七萬頭豬，最後則達到將近三十六萬頭。在這段期間，出口量從三萬五千頭跌到約一萬七千頭。」[9]

他解釋如下：「這是因為，從一八七二年到一八七九年，美利堅合眾國對我們的市場傾銷了數量可觀的醃製與燻製肥肉丁、火腿與豬油。」哥邦如此描述美國豬肉產製模式及其令人目眩的出口能量。但若要描述，只需幾個數字就足夠：當法國的豬隻數目大約是每一百人十五頭時，美國則達到了驚人的每一百人八十二頭。「這個國家的豬隻數目自一八六四年起已經倍增，從一千六百萬到三千二百萬頭；只有出口能支持起這麼巨大的產量；英國不再能提供足夠的進口量。因此人們轉向法國，後者在四年間就被美國肉品與肥肉丁淹沒。」[10]「我們的市場被美國肉品、肥肉丁、火腿與豬油等淹沒，這讓我們本土類似產品的價格下跌。」哥邦繼續寫道，另外還提到了「貶值」[11]。

在一八七〇年代末，歐洲發生許多起旋毛蟲（trichinose）病例。這種疾病是受到由豬傳人的寄生蟲所引起的。芝加哥的豬肉製品業一向有著「實實在在填滿了」這種寄生蟲的惡名。[12]這是真的嗎？或其實只是面對美國產品浪潮正值高峰時的驚慌反應？[13]保護主義的支持者們不斷地濫用這種戒心，[14]以至於一八八〇年代初期，歐洲多國甚至禁止美國肉品進口。美國出口應聲崩潰。而在制定最低程度的規範，並創立官方督察機構之後，旋毛蟲的問題才得以解決。[15]在十年禁運後，多半的壁壘都被取消。法國得以藉由進口稅捐做點自我保護，[16]但美國出口已經蓄勢待發，準備征服世界。[17]當法國準備禁止某些美國豬肉製品時，美國則威脅要阻止法國葡萄酒的進口。[18]在各地，豬肉製品業都被迫與越來越廉價、越來越美觀、越來越少鹽，還總是利用硝酸鉀、硝化蘇打或硼酸蘇打進行加工的產品為敵。儘管硼砂在美國本土禁用，但出口產品則無此禁制。[19]

困於關稅爭議與彼此報復之間的法國政府，容許進口以硝酸鉀與硼酸鈉（此物質在法國也禁用）處理過的火腿，這促使法國豬肉製品業者要求比照放寬限制。[20]立於優位的芝加哥，掌握了調整生產節奏與訂定新法規的權力。幾年之後，包裝工業的官方日報充滿信心地寫道：「美國的包裝工廠曾是這場壯闊運動的開拓者，從一開始，我們的工廠就是全球的模範……當外國意欲跟我們在肉品貿易上比肩並行時，就必須採行美國的方法。他們沒有任何選擇，只能學習我們。這就是為什麼美國在所有肉類產品上都是冠軍級的人物。」[21]

歐洲圍城

一八八八年，法國人提奧多．布里葉（Théodore Bourrier），肉品店首席獸醫—督察官，在他關於豬肉的論著裡用了一整章討論芝加哥的產品（「美國臘腸」）。[22]對布里葉而言，這些產品的低價是唯一的賣點。他還簡潔地寫道，這些火腿「是同類產品中的怪物」。在一八九二年，另一位觀察者，艾佛瑞・披卡（Alfred Picard）論及針對大西洋彼岸臘腸的關稅保護歷經許多曲折。他寫道：「美國向歐洲輸出巨量的肥肉丁、火腿與豬油。」[23]從一八九〇到一八九八年的八年之間，美國火腿出口總量又增為三倍。[24]火腿罐頭同樣也成為競爭的戰場。法國製造業者不停地抗議美國來的壓力，有篇業界期刊的文章甚至如此哀嘆：「不只是從紐約和芝加哥來的肉品和臘腸，甚至在軍隊裡也供應火腿罐頭。為什麼呢？為什麼是美國而不是法國？這個選擇的原因，唯一的藉口，純粹只與預算有關。美國罐頭一公擔要價一百四十五法郎，而法國工廠所生產的卻要二百一十法郎。」[25]

除了芝加哥的火腿之外，法國似乎也迷上了普遍由硝酸鹽、硼砂或硫酸鹽加工過的「新臘腸」。自從一九〇一年起，「香腸／臘腸」類別出現在美國政府統計資料裡之後，法國的進口量便遙遙領先。儘管法國購買美國火腿的量比聯合王國少了十倍，卻進口了三倍的香腸與臘腸。[26]法國臘腸製造業者在抵抗芝加哥產品時，遇上了極大的困難。在有醃肉傳統的地區，許多工坊面臨倒閉或瀕臨破產。倖存者無從選擇，只得採用更迅速的製造技術。在一九〇八年，包裝工業的媒體歡欣鼓舞地寫道：「（包裝業者）複製了國外的知名臘腸品牌而獲致驚人的成功。而在今天，在美國，有著許多能製造出地球上每種臘腸的工廠。在今天，香腸與臘腸不再以百公斤計量，而是日復一日地以整台馬車出貨，與原始產品無分軒輊。事實上，在我們銷售到原產地的市場時，無論在外觀、風味或品質上，就算老饕們也無法分辨。」[27]

至於火腿、香腸或沙拉米臘腸，芝加哥的技術手冊指明了如何製造出高相似度的產品，除了化學專家之外無人可以辨別。例如《全國供應商報》（*National Provisioner*），也提供如何製造出「來自拜雍」火腿的方法，[28]而從一九〇四年起，衛生督察甚至開始在拜雍地區的港口標記出「來自拜雍」的美國火腿。美國產品之所以直接與歐洲豬肉製品業者產生競爭，是因為這些產品總是以傳統名號販售。由列昂・阿爾努（Léon Arnou）（法國雜貨店公會前主席）在一九〇四年所著的《雜貨店指南》（*Manuel de l'épicier*）中指出，美國火腿會從漢堡中轉，再貼上德國標籤重新出口至法國：「所有來自美國的火腿都以曼茨（譯註：德國古城）、西伐利亞或漢堡火腿之名包裝銷售。」[29]同樣的情況還有「約克火腿」。根據《雜貨店指南》，通常會將在利物浦重新加工的美國火腿，「包裝成約克火腿樣式，再向我們銷售」。

肉品包裝業者在各地都有據點。一九一二年時，美國Swift公司在全世界雇員達三萬人，並「在四個大陸上、四百座城市裡」[30]成立分公司。芝加哥總部全權指揮，而包裝業者還建立工廠，作為它們進入歐洲網絡的橋頭堡。在南美洲（以玉米牛肉罐頭生產）

證明有效之後，它們在舊大陸上開拓地盤，以求更能掌握豬肉製品的市場。芝加哥的媒體記載著這場擴張的編年史：在其中，我們見到包裝業者鉅子——特別是J．歐格登．阿爾莫（J. Ogden Armour）與艾德渥．莫里斯（Edward Morris）——延長在倫敦、巴黎與漢堡的居留；公司刊物提及古斯塔夫．史維夫特（Gustavus Swift）如何橫越大西洋凡二十次。在一九〇六年，包裝業者襄助遊說團體「美國肉品包裝協會」（American Meat Packers Association），《全國供應商報》即是其機關報。* 報紙以「法國人怕了」（French in a fright）為題，嘲笑高盧地帶抵禦入侵的努力。在解釋法國國會嘗試反對許多豬肉製品工業在法國領土上設廠時，報紙評論道：「這是種奇怪的嘗試，因為它意在阻擋一個大型製造工業的發展。顯然地，這是因為他們害怕「美國牛肉大企業掌控法國市場。法國人認定美國包裝業者是這些設廠計畫背後的黑手，結果便嘗試去說服它們的政府不發出必要的執照。」[31] 這份包裝工業報解釋，事實上，並不會有美國的資本介入，這些包裝工廠將會由法國企業家投資經營。這個遊說團體譏諷道：確實，「是美國人帶來這個

* 美國肉品包裝協會在一九一九年成為美國肉品包裝研究院IAMP（Institute of American Meat Packers），而後又在一九四〇年成為美國肉品協會AMI（American Meat Institute）。二〇一五年，AMI成為北美肉品協會NAMI（North American Meat Institute）。《全國供應商報》一直是其機關報刊。自一九〇六年起，其任務與建立基礎便是捍衛硝製肉品產業。參見« Report of the executive committee », *National Provisioner*, n°15, 12 octobre 1907, p. 57-58.

計畫，他希望能將包裝產業的智慧與經驗用在設立與運作這些工廠上。但背後的資本卻不是包裝產業的錢。看這些法國人驚慌失措還挺有趣的」[32]。

第一次世界大戰完成了征服的事業。美國「加工肉品」的出口量年復一年地躍進。前五大包裝業者的年度獲利在一九一四年稍多於二千萬，而在一九一七年則是一億。[33]戰後，國內的生產業者成為進口的中繼站。也是在這個時代裡，誕生了許多法國本土的豬肉製品業者。這個年輕的「豬肉製品產業」明顯受到美國技術的啟發，追求風味與技術之間的平衡點。許多「美國工法」的專家來到巴黎，並在此地散播來自大西洋彼岸的製造模式。而在法國業界出版品中，我們也能看到向《全國供應商報》逐步取經的現象。《現代食品》（*L'Alimentation moderne*）與《關係企業》（*Industries annexes*）等期刊有效地扮演了「現代科技」中繼站的角色，讓這些科技符合法國人的口味。有時會指出這是一種「美式」[34]做法，但時常隱瞞不提。自此開始，人們首次見到硝化蘇打之名出現在法國期刊上，還有硝酸鉀與小蘇打等。就算肉品包裝業者沒有直接插手在地生產，芝加哥的技術與配方還是經由模擬的方式傳來。[35]

在肉品包裝業者那一頭，大家都在慶祝「現代火腿」的勝利。在一九二四年，美國最大工廠之一的首席化學家，大肆讚揚「現代火腿，標準化而品質一致的產品，由化學實驗室監控，遵循其規範而製造。鄉下的老火腿神話迅速消退。它的醃製時常太過頭而又不一致。它太乾、煙燻太重。它的風味無法與現代包裝廠所生產的、口味豐富又多汁的火腿相比」[36]。

被遺忘的轉變

作為福特主義的先行者，芝加哥系統產出的肉品相當一致，因而使標準化成為可能。幾十年後，肉品包裝業者奧斯卡・邁爾（Oscar Mayer）解釋道，他的工廠所製造的產品「如此一致，如此穩定」，使得這種硝化鹽漬豬肉成為芝加哥股市交易所每日開價的基準。[37]這種新興的產業，為幾位野心勃勃的企業家建立起巨大的財富。在一九二〇年代初期，聯邦商業委員會主導了一場冗長的調查，揭示業界裡的一個小團體，人們稱為「五大家」（Big Five）。他們的利率雖薄，但產量之巨大使得獲利也極為龐大。[38]

這是何等的革命！在十九世紀中期，法國藥學教授與公共健康專家丹尼—普拉西・布黑亞（Denis-Placide Bouriat），遺憾地說食品保存尚未能成為工業革命新產業的注目對象。他在一八五四年提及：「看起來肯定有點奇怪，大資本家的投機行為涉及如此多樣的對象，卻始終對這個能夠倍增資本、延展貿易觸角並能服務全人類的課題如此陌生。」[39]

是天真還是樂觀？不到七十年，我們可以說這個呼籲有人聽到了。豬肉的保存的確成為一種「現代」的、有力的、利益無比巨大的產業。這條製造業的新分枝具有極高的競爭性，能編修全世界的豬肉製品生產規範。不幸地，「加工肉品業」的再造，是遵循著執迷於產量與生產力的模型而建立，與生產的傳統場址與技術徹底脫節。如同芝加哥，全世界的豬肉製品業都決心轉向准許硝化產品的模擬醃製。芝加哥模仿著舊有的豬肉製品外觀，再倚賴防腐—染紅劑發明出新的。這種「重新發明的豬肉」（借用歷史學家羅傑．霍洛維茲〔Roger Horowitz〕之語）[40]太過物美價廉，排擠了歐陸的生產，並一勞永逸地引入染紅劑。我們因此可說，當包裝業者奧斯卡．邁爾在一九二四年，認定「**豬肉包裝業**是一種特別美國的生產活動，這是美國頭腦、美國能量的果實。其實裡面並不真的有歐陸的前車之鑑。豬肉包裝產業——尤其是產業鉅子——所做的貢獻，只有貿易人士才能知其一二。這個產業建立了一個巨大的組織，發明了美妙而創新的科技。這使得將某種超級容易腐敗的商品四處寄送成為可能：這些產品不計風雨，越過海洋，裝入美麗的桶子，一路寄到世界的角落」[41]——他的說法並不算太誇張。

法國自豪於其美食與豬肉製品，傾向於遺忘這些年來的轉變，但如潮水般湧來、在利哈弗港口上岸的硝化臘腸，成為「新火腿」的巨流，淹沒了市場、廚房與廳堂。我們想要相信，肉品包裝業的誕生，不過就像玉米牛肉在法國餐桌上如曇花一現。[42]事實上，法國的豬肉製品業，免不了要調整自己，跟上大西洋的步伐。因為說到最後，在一八七〇到一九〇〇年之間，是美國的新產業確定了規範、工具、成分與機器等。是在美國，歐洲產品被加以重新演繹、「現代化」、加快了速度，且又回到原產地的櫃台上；原產地因而感染了競爭氣息，並同樣改變了自己的方法。或許真正的悲劇是，這些適應行為都是在有害健康、無比巨大、沒有電路、沒有冷藏的工廠裡進行的。不夠冷又不夠衛生的工廠，使得包裝業者無法應用傳統的技術。悲劇是，硝化的肉品極其廉價又「美觀」。新火腿外觀上均勻的朱紅色，時常比古法火腿來得更為美觀——至於熟火腿，只要逛一遭超市裡閃耀著粉紅色的「豬肉製品」貨架，就能領略這部美學經典。

我們可以假設並且自問：如果芝加哥想釀酒的話會怎樣？這些想像中的「酒農—包裝工人」會成功地發明一種能全年生產的系統嗎？它們也會發現某種神奇的粉末，在倒入一桶葡萄汁之後，就能在幾個星期、甚至幾天內釀成，而退步的歐洲人們還在隨著季節韻律來釀酒？這種偽裝成酒的**加工葡萄**也會征服全球，就像**加工肉品**一樣，成功穿上豬肉製品的新衣嗎？

第5章 二十世紀新發明：亞硝酸鈉

要了解當代豬肉製品與癌症的問題，就必須提到硝化添加物的毒性，如何弔詭地導向亞硝酸鈉得以合法使用。我們已經看到，直到十九世紀為止，主要的硝化添加物是**硝酸鉀**（硝石）。在個別情況下，有時會以「黑刺李鹽」取代。接著，一種新產品出現了：**硝酸鈉**（sodium nitrate）。它染紅的作用更迅速，受到處理大量肉品的美國豬肉製品產業所喜愛。現在，我們將要看到，在二十世紀初始，一種作用更強的新產品出現了：即**亞硝酸鈉**（sodium nitrite）。

一九二五年，美國政府核准豬肉製品工廠使用亞硝酸鈉。[1]在法國，同樣的授權要等到四十年後，一九六四年十二月八日的一紙命令下才得以成立。[2]在分析今天收藏於國家檔案中的健康部（公共衛生部門）與打擊詐騙相關單位的檔案之後，可得知是什麼造成了這種當時人們稱為「美國製法」的方案，延遲了四十年才予以採用。整個問題可以用一個句子來說明：對法國立法單位來說，亞硝酸鈉（一直都）被認為是種毒藥。因為只要一超過亞硝酸鹽在唾液中一般微不足道的比例，亞硝酸鈉就具有毒性。這就是為什麼它（與其他金屬亞硝酸鹽一起）列於官方「毒性物質表」上，在官方公報上皆可見到。若要讓亞硝酸鈉進入豬肉製品中，法國政府必須採取特別措施，於是產生了頒布於一九六四年十月三日官方公報上的一則命令。該命令表示，亞硝酸鈉自此起得以微量使用於豬肉製品上，並且只得以「亞硝酸製鹽」(sel au nitrite)、「亞硝化鹽」（sel nitrité）或「亞硝酸鈉鹽」（sel nitraté sodique）等形式添加，其中亞硝酸鈉成分不得超過〇・六%。[3]

在下面兩章裡，我們將會看到為什麼要做出這樣的決定。在當時，授權亞硝酸鈉的微量使用，是與（一九一二年在法國獲准的）硝石與純硝酸鈉毫無節制的濫用之間，兩害相權取其輕的結果。不幸地，幾乎也就在這個時候，另一種至今不為人知的風險首次嶄露徵兆——即癌症概念的現身。

亞硝酸鈉，受規範的強力毒物

早在人們認識到亞硝酸鈉致癌之前，它已經被視為一種危險物質。在其比例超過唾液中亞硝酸鹽原有比例時就會產生風險。當人體攝取純亞硝酸鈉時，一氧化氮會與血紅蛋白（亦即在血液中傳輸氧的蛋白）中的鐵質產生反應。血液將會因此失去傳輸氧元素的能力。結果便會發生紫紺症（皮膚呈現為藍色），在醫界稱為高鐵血紅蛋白血症。這種毒性自十九世紀開始便為人所知。「受到亞硝酸鹽活動影響的血液，幾乎完全不具載運氧氣的能力」，血紅蛋白研究的先驅亞瑟·甘吉（Arthur Gamgee）在一八六三年如此寫道。[4]在十年後於巴黎出版的一本毒物學論文中，安端·哈布托（Antoine Rabuteau）詳細地描述了亞硝酸鈉與亞硝酸鉀為所謂「血液型毒物」，並說明這些物質「能強制改造血液，不只使血球變質，連血漿都會受其影響」[5]。接著，其他的實驗者則建立了亞硝酸鈉會呈現嚴重風險的最低劑量：從每公斤〇·二克開始，青蛙便有顯著的呼吸困難；每公斤一克則會致其死亡。[6]在狗身上，致死劑量經測定為每公斤〇·一五克。貓的抵抗力較低：每公斤〇·〇〇三五克即可致死。[7]多數的哺乳類動物都對亞硝酸鈉敏感。今天，在澳洲與美國都發展出了許多基於亞硝酸鈉的配方，被用來進行獸群管控，特別是某些種類的野豬。在紐西蘭，一家位於奧克蘭的公司（消滅外來入侵動物專業廠商）提供含有十%亞硝酸鈉的二百五十克誘餌錠，用以誘殺野豬與有袋類動物。[8]這訊息透露出的諷刺性並未逃出《化學與工程新聞》（*Chemical and Engineering News*）一位記者的法眼。她在二〇一四年為一篇文章下了這樣的標題：「亞硝酸鈉，用於培根的防腐劑，也可用來對抗野豬入侵」[9]。

對於亞硝酸鈉的毒性，人類比豬隻要來得較不敏感些，但在歷史上依然少不了與其相關的犯罪實錄，因為對平均體型的男性而言，致死劑量僅約二至十七．五克之間。[10]在亞洲，這種物質就像氰化物，是警方在可疑死亡或自殺現場搜尋的目標之一。[11]不過幾年前，中國國營電台就製作了一則相關報導，指出某位房女士成功阻止了丈夫在食物中添加亞硝酸鈉企圖將其殺害的行動。[12]同樣地，二〇〇六年美國司法部門逮捕了一位名為提娜．瓦茲奎茲（Tina Vazquez）的女性。她在工作的豬肉製品工廠取得純亞硝酸鈉裝入膠囊，偽裝成阿斯匹靈交給鄰居安姫．豪斯勒（Angie Hausler）服用。[13]但其實她交付的劑量還不到致命的二克劑量，法官因而判定瓦茲奎茲女士蓄意殺人，處以二十年徒刑。

在社會新聞之外，亞硝酸鈉還造成了諸多意外。某些醫學刊物描述了孩子們誤食在金屬廠、皮革廠或工廠附近地上找到的亞硝酸鈉之後隨即死亡的悲劇。[14]相似的中毒事件也發生在成人身上，多半是因為標註不實所導致。首批案例發生在一九一一年的奧地利，幾個月之間，一間位於因斯布魯克工廠的二名工人死於將亞硝酸鈉做為「調味劑」使用。[15]一九二五年，阿爾及利亞有四人死於飲用加入亞硝酸鈉的汽水。一九三六年，在英國米德斯堡的三名家庭成員因為誤將亞硝酸鈉當成食鹽使用而死亡。[16]類似的事件也發生在瑞士、德國、俄國與法國。[17]一九四三年在土魯斯，一位甜點師用亞硝酸鈉取代化學發粉製作甜餅，造成五人死亡、五十七人中毒。當警察抵達烘焙房時，他為了證明自己的清白而吞食亞硝酸鹽，結果立刻造成紫紺症，差點急救無效。[18]同一期間，一則法國官方報告列舉了亞硝酸鈉在全國造成的毒害事件：一九四二年七件、一九四五年五件、一九四六年四件，幾乎每年都有集體中毒事件。[19]在美國，僅一九四五年，一群紐約醫師就回報了三件死亡意外：十一人因早餐時用亞硝酸鈉取代食鹽而中毒（一死）；一個家庭使用亞硝酸鹽取代食鹽而中毒（三死）；三位男性用亞硝酸鹽為燉肉調味（三死）。[20]同一年在印度，一場集體中毒造成三十人死亡。因為如此強烈的毒性，亞硝酸鈉在食物中的使用受到極為嚴格的規範。

約翰．哈爾丹發現亞硝酸鹽如何「染色」

在十九世紀末，亞硝酸鈉是醫師用來恢復心血管失常的化學產品之一。由於對血液的強力效果，微量的亞硝酸鈉（〇．〇六五公克）可用來治療「心絞痛病發」（冠狀動脈緊縮造成的嚴重胸痛）。[21]某些英國醫師有時也會用它來治癒癲癇、神經痛與嚴重氣喘，後來則因衍生嚴重的紫紺症而不再使用。[22]在一八八三年，大多數使用亞硝酸鈉的療法都被停用，[23]並以較不危險的物質取代，譬如glocoïne（譯註：此字無法對應任何藥名）或硝化甘油。但亞硝酸鈉並沒有完全消失，而依舊存在於某些製藥公司的型錄上。[24]

將亞硝酸鈉用於豬肉製品上的想法，是在某些化學家發現這種物質能造成與硝石一樣的染紅效果，甚至速度更快的時候所出現的。在這段歷史上的重要人物，是英國生物化學家約翰・哈爾丹（John Haldane），他同時也是血紅蛋白在呼吸功能方面的專家。在一八九七年，哈爾丹在牛津的生理實驗室中注意到，注射了亞硝酸鹽的老鼠死後，肉色會逐漸轉紅。[25]哈爾丹接著對肉色染紅的問題展開全面性的調查。他詳細地探討了硝酸鹽與亞硝酸鹽對醃製肉品產生的作用。在〈醃製肉品的紅色調〉這篇極為重要的文章裡，他揭曉了在煮熟肉品時加入硝酸鹽或亞硝酸鹽，會藉由何種機制讓肉品轉為粉紅色而非灰色。[26]他證明了，硝酸鹽只有在轉變為亞硝酸鹽之後才會對肉產生作用。他影響深遠的發現是基於熟火腿的色素標定：哈爾丹受到一位年輕德國化學家對亞硝酸鹽與硫酸對肉作用的研究所啟發，[27]詳細描述了讓新色素出現的轉變過程。他稱這種色素為「NO-血色原」（氧化氮血色原〔nitric oxyde hemochromogene〕）。

在巴黎出版的《國際造假現象期刊》（*Revue internationale des falsifications*）裡，幾乎同一時期，化學家S・歐爾洛（S. Orlow）也在研究同樣的現象：為了解釋香腸與臘腸經硝石處理後的色調，歐爾洛使用亞硝酸鹽進行了一系列的實驗。他在一九〇三年表示：「在十五到二十分鐘的沸騰後，牛肉與豬肉塊維持了漂亮的粉紅色調，與香腸的色調極為接近。我們可以做出結論：近來市面上的香腸，都是加入亞硝酸鹽再烹煮，或肉品本身就加入了這種鹽。」[28]在了解到這些亞硝酸製香腸與硝石製香腸的一致性後，歐爾洛確認了哈爾丹的結論：以硝石處理的豬肉製品之所以呈紅色，事實上是因為硝石轉變為亞硝酸鹽所致。歐爾洛指出，「在香腸中觀察到的亞硝酸鹽最大含量，最多也只與醫師對某些疾病開出的最小劑量相當」[29]。技術刊物特別抓住了這點。法國期刊《科學產業月刊》（*Le Mois scientifique et industriel*）便說明，香腸中能發現的最高含量「最多也只與醫療最低用量相當」[30]。

第一次用於豬肉製品中

在美國，《全國供應商報》在一九〇三年四月號裡做出報告，題為〈豬肉製品的紅色找到化學解釋〉[31]；在芝加哥的辦公室裡，農業部的生物化學家複製並證實了哈爾丹的所有實驗。硝化豬肉製品的染色並非來自於硝酸鹽，硝酸鹽本身甚至沒有染色的效果。這種效果來自於硝酸鹽化學分解出的亞硝酸鹽。[32]當然，從這裡便衍生出了跳過中間步驟，直接使用亞硝酸鹽的想法。最早直接採用亞硝酸鹽的實驗在美國大工廠中展開，一開始時完全保密。[33]一九〇九年，一名德國獸醫F．葛拉芝（F.Glage）為豬肉製品業者推出一本小冊子，提出「一種讓肉品與香腸具有濃烈紅色的簡單方案」[34]。這本作品揭露了如何將硝酸鹽加熱至攝氏三百五十／四百度以生產亞硝酸鹽的方法。每個豬肉製品業者都可以在自己的工作間裡如法炮製，以獲得這種快速反應的粉劑。但這些業餘煉金師還是被告誡有爆炸的危險。硝石是種非常不穩定的物質，「許多人在此失去他們的生命」[35]。

葛拉芝解釋，這是為了讓製造商能「滿足公眾想吃到鮮紅誘人肉品的願望」[36]。他指出：「由於不需等待肉品使硝石分解，其效果得以加速產生。因而，香腸肉製程的完備便可以提早許多。這對針對迅速消費的香腸生產特別有利，因為這種產品需要在極短時間之內進行極為大量的生產。另一方面，這種製程的效果相同、一樣能滿足市場，以此獲取的色澤也能持久。這種紅色相當鮮活，但也能維持相對溫和。這些細節都能在今天的同類商品中見到。香腸顯得更誘人、民眾更願意購買，豬肉製品商便能因此獲利。」[37]這些技術在業界刊物之間受到廣泛的傳播。[38]

在第一次世界大戰期間，德國化學家弗里茲・哈伯（Fritz Haber）與卡爾・博世（Carl Bosch）為了供應產業與軍備而提出革命性的製程，以人工合成鹼性硝化物，特別受到金屬工廠的採用。[39]亞硝酸鈉變得盛產又廉價，在德國豬肉製品業界廣受使用。[40]許多企業家爭先恐後地提出專利登記以賺取技術專利費。在美國，化學家喬治・多蘭（George Doran）獲得一系列關於「用於包裝業之肉品處理方案」，而後又在巴黎獲得同樣的專利。[41]添加物製造商為了獲取執照，展開你追我跑的遊戲：美國Heller公司的主管們曾描述他們如何耗費數月只為了捉到喬治．多蘭，讓他釋出採用這種奇蹟式工法的權利。[42]在歐洲，市場上出現了許多基於亞硝酸鈉的產品。捷克的拉迪斯拉夫．納許穆爾勒（Ladislav Nachmüllner）推出「Praganda」[43]，而一家德國公司則推出一種稱為「Nitrosin 硝石」[44]的亞硝酸混合物。柏林人喬爾格．萊賓（Georg Lebbin）獲得了關於以亞硝酸鈉進行「肉品醃製程序」的多國專利（德國、法國、芬蘭、瑞士……）[45]，而他的「萊賓鹽」也加入了正流行的添加物行列。[46]

但意外隨即發生：亞硝酸鈉作用強烈，只要極少劑量就可能會造成中毒，甚至常常會致死。一九一六年在萊布茲，一場聚餐造成數十人送醫與一名兒童死亡。[47]德國相關單位立即於一九一六年十二月十四日發布命令，[48]決定亞硝酸鈉（以及其他含有亞硝酸鹽之產品）「禁止用於肉品與香腸的商業加工」[49]。同時禁止的還有「含此物質肉品的進口、儲存與貿易」[50]。

非法散布

儘管遭到禁止，硝製工法還是在戰間期於歐洲市場上廣泛流傳。[51]亞硝酸鈉在檯面下流通，有時是液體，有時是粉狀或錠狀。[52]一九四一年，德國獸醫專家拉斐爾．柯勒

（Raphael Koller）敘述在一九二〇年代裡，「亞硝酸鈉的禁令在德國並沒有受到遵循。豬肉製品業者寧可冒著被法律懲罰的風險，也不肯拒絕這種創新物質帶來的優勢」[53]。柯勒解釋道，不誠實的藥商會將瓶裝的純亞硝酸鈉賣給豬肉製品業者：「硝製豬肉製品的名聲因為走私而受損。在德國（無疑地在其他國家也是），亞硝酸蘇打（譯註：為亞硝酸鈉在法文世界的別稱）與亞硝酸鉀在檯面下交易，使用各種編造的名字，像是『硝石條』（實際上是亞硝酸鉀）、『硝石萃取物』、『硝石精華』、『硝石粉』、『磨光鹽』、『淨化鹽』、『染紅色條』等，有時也會使用原名。」[54]

這些詐欺現象引發了數以百計的死亡事件：在一九一六年萊茲堡的意外之後，幾乎每年都會發生中毒事件。[55]一九二〇年代初期，發明家們發現了嶄新的招數。他們提出全新的技術，包括將亞硝酸鈉與食鹽經由某種溶解／蒸發的程序予以結合。「亞硝化鹽」由此而生，在許多專利中都找得到它的蹤影。[56]繼直接以純粹型態使用之後，亞硝酸鹽開始進入「以鹽為基礎的結晶製程」（譯註：此即「亞硝酸製鹽」或「亞硝化鹽」的誕生，其製造程序基本上未曾改變）。在這些配方裡，食鹽與亞硝酸蘇打有了緊密的結合。過量使用所造成的中毒事件幾乎不再可能：如果豬肉製品業者加了太多這種染紅用混合劑，產品就會太鹹而無法入口。受到這種保障所激勵，添加劑製造商與專利持有者們開始尋求這種「亞硝酸製鹽」的合法化，但起初大部分的國家都拒絕將這種方案寫進法律。在柏林，衛生相關單位的醫師們於一九二二年同意予以徹底禁絕。他們的論點簡單而堅定：「只要想想最重要最基本的禁止動機就好。亞硝酸鈉在不到一克的劑量時已經具備毒性。這種物質不管在食品工業、餐飲業或廚房裡都不可出現。」[57]

美國授權與歐洲競爭

在一九二〇年代初期，美國的豬肉製品工業因出口衰退而處於一場經濟危機中。芝加哥不計一切地找回競爭力。一九二五年，在肉品包裝業的要求下，美國政府授權在豬肉製品工廠中使用亞硝酸鈉，藉以加速生產並降低成本。官方文件標明，硝化添加物**只因其染色效果**而獲使用。相關部會指出，「在處理肉品時，亞硝酸鈉、硝酸鈉與硝酸鉀的功能是維持肉品的紅色」[58]。另外也表明：「作為防腐劑，硝酸鹽與亞硝酸鹽的使用劑量並無特別重要性。」為了正當化自己的決定，農業部解釋，這個方案使製造程序縮短，並能更精確地控制添加物的劑量。[59]許多醫師批評這項授權，強調並無任何衛生相關實驗可予證實。[60]工業部的化學家們則回應，使用亞硝酸鹽不可能比使用硝石危害更大，因為使用硝石其實也只是為了產出亞硝酸鹽的副作用。[61]

為了保護本地產業，某些國家聯合起來採行美國規範。例如豬肉製品產業發展貧弱的南非，開普敦於一九二九年授權使用亞硝酸醃製法。在其他的多數國家，官方禁制依舊持續，但詐欺事件則與日俱增。某篇醫學文章就寫到，一家德國醃肉商在許多年間得以購買某種即可使用的混劑。自一九二八年起，這家廠商開始自給自足，從一家化學工廠取得整桶的亞硝酸鈉，讓工人用來與食鹽混合（這篇文章還寫到了工人因此而罹患的心血管疾病）。[62]這類禁令在德國特別難以執行，因為走私者可以輕易地從奧地利，這個歐洲唯一准用亞硝酸製法的國家獲取亞硝酸鹽。結果，紫紺症在德國領土之內增長蔓延。一九二九年，二十五人因硝製絞肉而嚴重中毒。一九三一年，十二人在食用加入純亞硝酸鹽的香腸湯（Wurstsuppe）後送醫。[63]

繼一九三四年一個與「香腸清湯」（Bruhwürstchen）有關的新案例後，德國官方決定遏止詐欺事件，通過一部「硝化醃製法」（Nitrit-Pokelsälz-Gesetz，也稱為Nitritgesetz）。[64]這部法律禁止製造業者持有亞硝酸鹽，但允許使用由特許機關製造的食鹽＋亞硝酸鹽混劑，藉此確保亞硝酸蘇打的比例絕不超過〇．六％。建議劑量定在〇．五％。若在一公斤的香腸肉中加入二十克這類混劑，業者加入的便是一百毫克的亞硝酸鈉，所得濃度是一百ppm。[65]如此一來，便不可能達到引發立即中毒反應的預估劑量。藉由設下這條限制，德國冀求保護民眾不受紫紺症危害。還沒有人能猜到，亞硝酸鹽的化學成分中隱藏著一些殘酷的驚喜。

第6章 法國對亞硝酸鈉的授權使用

在法國，使用硝石加工是在一九一二年，與小蘇打加工同時接受官方授權。當時，亞硝酸鹽處理仍遭到嚴格禁止。在美國准予授權（一九二五年）之後，法國醃製業者宣稱自己遭受惡性競爭，因為芝加哥的製造業者可以更快速、更便宜地生產豬肉製品。一九三四年競爭又更加劇，因為德國也開始授權使用亞硝酸鹽。就在德國採行「硝化醃製法」後，法國阿爾薩斯與洛林省的豬肉製品業者聯盟要求政府授權使用亞硝酸蘇打。這則請願上達法國食品添加物最高主管機關：法國公共衛生高級諮議會CSHPF，後者責成毒物學家費列德里克．伯赫達斯（Frédéric Bordas）予以檢視。[1]

於劍橋農經研究院求學、主掌海關實驗室的伯赫達斯，曾在受命為法蘭西學院客座教授前，推動建立遏止詐欺的機關。他是法國食品安全重要法規的主要起草人（一九〇五年基本法）。[2]這位智者令使用不正當製程的業者們有所敬畏。對伯赫達斯博士來說，毒物學專家的任務是「避免消費者的健康因產業界毫無保留的貪婪而犧牲」[3]。在二十世紀之初，他便已表示：「該有多少種大多時候被歸諸其他因素的急性或慢性疾病，其實都根源於每天食用靠防腐劑保存的食物啊！」[4]

面對競爭的法國產業

費列德里克．伯赫達斯曾經多次就豬肉製品的添加物使用展開呼籲。舉例而言，他抵抗過在香腸製品中使用硫酸，這曾被許多製造商認定對產品保存而言不可或缺。[5]在詐欺案件實驗室裡，他專門從事進口肉品檢測，財政部也曾任命他處理芝加哥的豬肉製品。他對亞硝酸鈉使用的報告刊於一九三五年出版的《公共衛生年鑑》（*Annales d'hygiène publique*），題為〈醃漬液中的亞硝酸鹽〉。伯赫達斯寫道：「我們面對的並非是全新的問題。長年以來，我們就知道，將牛肉與豬肉浸泡在添加硝酸鉀的醃漬液裡，能逐漸產生一種粉紅色，這符合顧客的需求，他們認為這種粉紅色調代表保存良好。」[6]

伯赫達斯博士揭穿由要求授權的製造業公會所持的論點：他們認定硝化製程對公眾健康有其好處。「但豬肉製品業者沒對我們說的是，當人們在醃漬液裡添加亞硝酸鹽時，所需的效果（肉品的粉紅色調）不需要三十幾天，而是在二十四小時之內就可以達成」。這位毒物學家質問：「我們真的需要更簡化這種實際欺騙購買者的生產過程，讓這些檯面上的有毒產品影響更加劇嗎？」[7]公共衛生最高諮議會因此拒絕修改法律，法國依然禁止使用亞硝酸鹽。

許多製造商無視禁令進行舞弊。某些英國化學家指出，在英國、荷蘭、波蘭與法國都有人非法使用亞硝酸鈉。[8]連德國人拉斐爾．柯勒都寫道：「在許多國家——像是英國、法國、義大利——亞硝酸鹽原則上還是禁止的，但卻有人私下使用，有時甚至肆無忌憚。」[9]二次世界大戰後，某些法國製造商獲准在出口產品上破例使用。但肉品醃漬商和添加物販售商（其中許多已經在國外持有專利使用權）仍要求開放授權。在一九五〇年代初期，離首次拒審後二十年，法國農業部再度提起亞硝酸鹽的案子。公共衛生最高審議會也再次登場。伯赫達斯博士與同儕們早已逝去多時，另由兩位毒物學家受命撰寫報告：亨利．謝弗帖（Henri Cheftel）與路易．特琥費爾（Louis Truffert）。

這是兩位特別在意產業優先事項的著名科學家（謝弗帖曾為保鮮盒製造商工作）。他們熱烈地推廣芝加哥技術及其巨大的生產力，[10]積極宣導採用他們充滿崇敬地稱為「美國方案」[11]的硝化製程。謝弗帖與特琥費爾提醒，硝石的作用都是因為其轉變為亞硝酸鹽，就像約翰．哈爾丹的大發現——結果是，硝石加工的火腿已經含有亞硝酸鹽了。藉由數據，他們解釋為何使用亞硝酸鹽的製程事實上比使用硝石的做法**更無害**。他們認為多虧了硝化製程，製造商才更能控制在最終產品中的毒性物質殘留量，不使其達到有害劑量。對於那些原則性批評硝化添加物的醫師們，特琥費爾回應表示「那不是問題」[12]。由於硝石製法早已合法，沒有理由禁止亞硝酸鹽。

謝弗帖與特琥費爾提出一種論點，這也將在往後所有的討論中出現：由於被禁止，「亞硝酸鹽只能私下使用，對消費者產生各種危害」[13]。他們的解釋是，豬肉製品業者會藉由將「從藥品業者那裡」[14]買來的亞硝酸鹽加入醃漬液來造假，而某些業者已經會「直接添加純亞硝酸鹽來使肉品『重生』」[15]，這「證明了亞硝酸鹽被用來造假」[16]。與其維持禁令並強化控管，謝弗帖與特琥費爾建議將硝化製程合法化，將這些製造方法納入規範。行政單位能據此制定最高比例，裁罰超過此比例的廠商。

為亞硝酸鹽辯護的論點，畢竟還是首重於經濟秩序。謝弗帖與特琥費爾解釋道，法國是少數持續禁用的西方國家之一。[17]另外還有三個法國顧問強調，使用亞硝酸鹽的肉品醃漬業者「能獲取巨大的製程優勢：迅速固定所需色澤，因而得以節省時間，進而提高產量、降低成本，並得以在外國市場上競爭」[18]。結果就是，「目前在國際市場上，外國人可以推出比我們更快的程序所製造的醃漬肉品。他們可以賣得更便宜，對我們的出口造成限制。」[19]一名Olida公司的化學顧問也同意：「可以確定地說，別的國家是靠使用亞硝酸鹽才能與我們在國際市場上競爭。舉例而言，西德聯邦政府最近就規定了肉品醃漬業對出口至英國的火腿採行迅速醃漬法（六天）的守則。」[20]

面對這些業界的論點，公共衛生最高諮議會的醫師們堅守反對立場。他們認為若授權使用亞硝酸鹽，「將會創造一種非常嚴重的先例，因為連在毒性物質列表上登記在案，我們也熟知其毒性的某種物質，都可以合法加入食品」[21]？一九五三年，公共衛生最高諮議會肯認自身在一九三四年的立場，仍拒絕授權豬肉製品業使用亞硝酸鈉。[22]一九五七年一月，農業部看來放軟了身段，在其與保健部二十五年來談判都未能撼動禁令的「亞硝酸鈉」檔案中指出：「這個問題自始便在衛生最高諮議會中引發保留態度，因為鹼性亞硝化物是在毒性物質表的C部分中登記有案的產品。」[23]農業部表明擱置授權草案，因為這需要「首次允許在食品中添加有毒類物質，而將有害物體與可食物質分開，則是不可侵犯的規矩」[24]。

讓步

法國終在一九六四年授權亞硝酸鈉的使用。這個決定的背後有許多可供解釋的因素。在羅馬條約（一九五七年）簽署之後，豬肉貿易成為首先進入歐洲共同市場的貿易種類之一。[25]硝製豬肉製品的流通更容易，使法國製造面臨更嚴酷的競爭。一九六二年，農業部哀嘆道「來自國外的進口火腿是以更經濟的方式製造的」[26]；幾個月之後，《費加洛報》（*Le Figaro*）有感於法國產醃製肉品的困境：「近年來，法國市場上出現外國豬肉製品，提供了勝過切競爭對手的價格。」[27]法國製造業者對行政機關展開密集的遊說。一九六三年六月，在一封給農業部的公開信裡，豬肉製品產業公會代表強調使用亞硝酸鈉能帶來的巨大利益：「它能使同一處製造場所產能『增長四倍』。它能降低存貨量。它能促進資本流轉——這些因素都影響生產成本，使我們更能抵抗來自國外，且不只是歐洲經濟共同體的壓力。」[28]

另一個支持合法化的因素是對於純亞硝酸鈉非法使用的恐懼。在一九五〇年代末期，許多詐欺事件充斥新聞版面，許多城市的豬肉製品商因而受到追訴。[29]就算在德國——儘管此地亞硝化鹽已經獲准使用凡二十年——某些製造商還是暗中使用純亞硝酸鹽，以求進一步降低生產成本。一九五八年一月，《時代週報》（*Die Zeit*）刊出一則題為〈香腸中的毒藥〉[30]的報導：一次大型亞硝酸鈉走私遭到破獲，超過五百家製造商被起訴，一家批發商因將量以噸計的亞硝酸鈉售予豬肉屠宰加工業者而被判刑並宣告入獄。藥師界的刊物歸咎於豬肉製品業者，但捍衛出售化學產品的商家：「遭到指控的藥商並不了解關於亞硝酸鹽的法令。」[31]大眾傳媒則較不如此細分。例如《新德意志報》（*Neues Deutschland*）就宣稱：「亞硝酸鹽——一種用於桶裝製品的毒藥——醜聞持續延燒，逮捕行動依舊持續。」[32]這個事件激起廣泛的恐懼，導致誠實從事的商家決定在櫥窗上張貼布告。《明鏡週刊》（*Der Spiegel*）描寫了這樣的豬肉製品商，一位司徒加爾的師傅，必須在櫥窗上貼出這樣的告示：「我們並未違背顧客們的信賴。我們的產品不含有害物質。」雜誌還寫到另一家豬肉製品商，在陳列攤位上放了一個大告示牌：「我們這裡，沒有人用亞硝酸鈉！」[33]巴黎媒體中因為這些事件產生迴響，[34]而詐欺防治相關單位則警告，類似的醜聞事件很有可能在法國國內發生。梅茲市立實驗中心的主管描述「轟動德國的司法審判其實只是一場戲」，並警告農業部：「我深信，同樣的反應也會在我國出現，這是不可避免的。」[35]

在造假事件的威脅之外，還有對過量中毒的恐懼。就算在亞硝化鹽已經合法的國家裡，戰後的年代間，依然發生了許多由於純亞硝酸鹽過量使用而產生的悲劇。這種事件在德國特別多，鮮紅色香腸在那裡的吸引力，常促使豬肉製品業者恣意使用亞硝酸鈉。例如在一九四六年，同一座城市裡，幾個星期內就發生了兩件意外。第一件中毒事件造成數百人受害：豬肉製品商使用了新的原料，卻不了解使用方式——使用一種「濃縮亞硝酸鹽」（Nitritkonzentrat），業者在製作時加了「兩大把」進去。三名兒童因此而死。入土還未安，新的悲劇使這個社區重陷哀傷：另一家豬肉製品商下的亞硝化鹽劑量錯誤，造成三十三人中毒，一名女性死亡。[36]

幾個月後，德國又發生新的中毒事件，這次有一百四十六人受害。[37]相關調查無法清楚解釋為什麼豬肉製品商弄錯劑量，但一般懷疑可能使用了純亞硝酸鹽。這些中毒事件之前，是一連串與「香腸湯」（Wurstsuppe）以及各種亞硝酸鹽超量麵食有關的意外。[38]當時的毒物學刊物細數歐洲與美國發生的意外事件：一九五五年，添加過量的沙拉米臘腸與熱狗腸造成路易西安那州一系列中毒事件（共有十人受害）；[39]一九五六年，添加過量的香腸在佛羅里達州造成死傷；[40]一九五七年一對豬肉製品商人被黑市購得的亞硝酸鹽毒害[41]等。還有在南非，一家七口在食用添加過量亞硝酸鈉的香腸之後皆遭毒害。[42]

並未支持卻「不反對支持」：矛盾的授權

考量到保衛國內肉品醃製業者、預防造假，以及避免過量添加造成中毒，法國農業部起先在一九六〇年代決定重新啟動程序將亞硝酸鈉合法化。許多法國專家與歐洲規範同聲一氣。[43]基於一篇由亨利・謝弗帖與路易・特琥費爾寫成的報告，最高衛生諮議會終於表示同意。[44]直到最後一刻，某些健康部的相關單位依舊表達保留之意——這使得法國業界感到憂心。[45]行政機關斷然採用一則一九五三年意在「滿足衛生專家並促進產業」[46]的建議方案：該部會訂下出廠產品中可測出的最高劑量（出廠產品中亞硝酸鹽量不高於二百毫克／公斤）。根據專家表示，「必須攝取一．五公斤的此類肉品才能吸收三百毫克的亞硝酸鹽——亦即用於人體治療的劑量」[47]。

一九六四年六月九日，農業部長艾格．皮薩尼（Edgard Pisani）將他草擬的命令寄給健康部。他指出自己剛諮詢了醫藥學院，而對此支持的意見只不過是行禮如儀。為了爭取時間，他要求健康部簽署這則命令，不需等候醫藥學院的意見。[48]幾個月後，該法令實際上出現在《官方公報》上時，[49]「有毒物質」的列表被修改了。亞硝酸鈉依然是官方定義下的毒物，但可**例外**加入豬肉製品，且只能以食鹽＋亞硝酸鈉混合物形式使用，亦即「〇．六％亞硝化鹽」。

此時，醫藥學院回應了。其食品委員會確實予以同意，但有所保留。其文件指出：「很明顯地，硝酸鹽的使用進入豬肉製品生產過程的習慣裡，是件令人遺憾的事。委員會只在有所保留的前提下接受這種方案。」[50]亞硝酸鈉被看作危害較小，因為它是用來取代「相對盲目的硝酸鹽使用方案，而後者看來會比使用亞硝化鹽用上更多的原料」[51]。由於使用亞硝酸鹽看來比使用硝石**較不危險**，學院認為其代表了「某種進步」，但仍清楚指出自己並不支持任何一種做法。一九六四年六月二十三日的官方報告，再次提醒了轉為使用亞硝酸鈉（醫藥學院傾向稱為「亞硝酸蘇打」）的正當性：「使用硝化鹽的醃製方案較為緩慢，要求三週左右的時間；這就是為什麼許多國家都承認一種使用亞硝化鹽的方式，更為快速，只需一週。」[52]這代表著，「在盡可能短的時間內，讓我們與歐洲經濟共同體其他國家的規範互相協調，以免使法國醃製產業與豬肉製品產業落於不利地位」[53]。

避免將法國醃製產業與豬肉製品產業置於不利地位，卻對硝酸鹽與亞硝酸鹽皆不予支持……這實在令人費解。在其報告結論處，醫藥學院找出一條公式：「這條反對意見的不存在，並不因此就表示本學院贊成這類製程」[54]……而後學院便給出了「贊成意見」。

第7章

香腸賽局

在亞硝酸鈉製成的首份專利書裡，美國發明家喬治・多蘭解釋道，亞硝酸鹽的「醃製法」能縮短製造過程裡的每一個步驟。[1]這就是為什麼採用亞硝酸鹽的製造方案被稱為「快速醃製」（英文為quick cure或accelerated cure），而這也能解釋為什麼許多基於亞硝酸鹽的添加物命名都與速度有關：化工業者Heller推出一種名為「快速作用」（Quick-Action）的亞硝化鹽，還有一種則名為「快鹽」（Schnellsalz）；鹽業巨人Morton出售「提速」（Tender-Quick），另外還有「即時醃製」（Insta-Cure）、「迅速醃製」（Kwickurit，quick cure-it）、「速紅」（Vitorose）……。化工業者Griffith Laboratories販售商品「布拉格之鹽」（Prague Salt），註明是「安全迅速的加工原料」，還推出口號——「通向完美醃製的捷徑」[2]。亞硝化鹽的商販們至今還會堅持這種原料的迅速成效（如銷售網站butcher-packer.com指出，使用亞硝化鹽時，「轉瞬之間，您的香腸就可以用於烹煮或燻製。完全不需等待」）[3]。總而言之，這種加工原料能產生「更均勻也更讓人滿意的產品，所需時間還更少」[4]。

通往速成豬肉製品之路

在發明亞硝酸鈉加工法之後，製造業者繼續使用其他技術來進一步加速製造程序：他們首先發明了全新的注射技術（「血管注射法」、「縫紉式泵入／多點式注射」……）。一則專利書上寫明如何將亞硝酸鹽與新的幫浦技術併用來縮短製造時間，因為這種做法能省去醃製過程中的浸泡階段。[5]緊接著，「幫浦」變成了「多針頭注射器」，再接著，針頭本身又「多孔」化（針頭不再只從尖端注射，而是從整根針管各處進行注射）。最後，製造程序進入自動化，與輸送帶整合。歷史學家羅傑・霍洛維茲解釋：「在一九五〇年代，培根開始迅速在工廠中運轉。各大公司設置了讓加工溶液藉數十個小針頭進行注射的裝備。由辛辛那提Boss公司生產的穿肉機『PerMEATor』因而能持續不斷地處理送進此裝置的肉塊。藉由簡化的運作節奏，插滿針管的打孔頭可以同時刺穿肉塊、注射加工液並推送向前。」[6]在今天，這類機器的名字是「加值注射器」（ValueJector，GEA集團製造）、「注射處理器」（Injector-Tenderizer，Fomaco公司）、

「全方位注射器」（Imax Injector，Schröder公司）、「多針頭注射器」（Multi Needle Injector，Belam Wolfking公司）等。它們會不斷注射以硝酸鹽＋食鹽或亞硝酸鹽＋食鹽為底的醃漬液，同時在輸送帶上推進產品。有時，這些機器甚至能同時烹煮或烘烤，讓一氧化氮作用得更快。

透過縮短製造時程與減少（或消除）熟成時間，新的製造科技顯然能發展出強健的經濟。它需要較少的人工操作以及廠房面積。製造時間的縮短讓產量提高，而不需要增加設備。一九五四年，一則芝加哥大學進行的經濟學研究強調硝化幫浦製程對不動產的影響：「過去十五年來，自從火腿的血管注射快速加工法進入應用以來，醃漬—燻製程序便開始迅速改變。在過去，這會耗費六到八週；現在，只需要幾天就好……。依估計，快速加工的技術降低了三分之一的定量肉品加工生產所需空間。」[7]

羅傑·霍洛維茲的數據讓我們能衡量注射與亞硝化製程所造成的驚人加速。一九五〇年代，製造火腿的時程標準從九十天**縮短至五天**。需要人工處理的中間階段（將火腿放回醃製袋中、更換醃漬液……）都可去除。[8]而後製程更進一步加速：在一九六四年，化學工程師荷內·帕盧指出，火腿製造業者可在「慢速醃製」（九十天）與因亞硝酸鹽而成為可能的「極速醃製」（十二小時）之間做出選擇。[9]

同樣的現象也出現在培根（「在進入機器處理二十四小時後，加工液在肉品中完全擴散，培根肉便可送進燻製室」[10]）與熱狗類香腸的製程上：在世紀之初，製造業者的第一步是好幾個星期的醃漬，接著要絞碎、裝管、燻製、烹煮，整個程序可能要花三十天。在美國歷史學家布魯斯・克雷格（Bruce Kreig）的著作《熱狗世界史》（*Hot Dog: a Global History*）中寫道：「『快速醃製』的方案讓絞碎與注入處理添加物、香料及其他原料等程序可以同時進行，接著便可直接燻製並烹煮。由於這種製程，香腸能在幾個小時之內就完成。」[11]這段敘述與我們在專業著作中看到的技術分析相符，例如在《豬肉製品工業百科全書》（*The Packers's Encyclopedia*，一九三八），這本針對現代豬肉製品產業人士所寫的參考手冊裡，指出亞硝酸鹽與硝酸鹽的需要量之後，表明了「快速醃製」的方案能立即產出令人滿意的香腸。借助於亞硝化製程，肉品的化學轉變與原料絞碎、混合、裝管的程序得以同時進行。書中強調，這種加速效果在所謂「法蘭克福香腸」的利潤上占有極為重要的角色。有賴於亞硝酸鹽，香腸才得以持續不斷地生產。[12]就像克雷格所下的註腳，「進行得越快，利潤就越好」，尤其是在大眾消費產品上更是如此：熱狗腸或維也納香腸（Wiener）的製造轉瞬即成，簡化了大量的生產製程。借助於亞硝酸鹽，史特拉斯堡香腸的製造只需兩小時。[13]正因如此，業界才會發明即時豬肉製品生產程序。

從奇蹟到警示

若沒有亞硝基色素的「奇蹟」，豬肉製品的生產便需要時間與人工。由於其立即性、系統性、標準化與同質化，硝化染色讓工序得以自動化。借助於亞硝化製程，今天的火腿可以自動生產，只要將各種肉塊裝入機器就行。工業生產機具的構思，是基於一氧化氮對肌紅蛋白奇蹟性的化學反應。沒有任何傳統方案能與其競爭，不幸地，也還沒有任何非致癌性的替代方案能達成這般利潤。

癌症的問題在人們發現硝化豬肉製品能使亞硝胺產生時出現。在一九五〇年代中期，兩名英國研究者表示，這些分子無人知曉，卻是強力的致癌因素。[14]他們曾建議，我們或許能在菸草的煙氣裡發現這些因子，但卻不曾想像到人們將會在豬肉製品中發現它的蹤跡。一九六〇年代初期，又出現了這樣的警告：在挪威，獸醫們報告指出食用亞硝酸鈉加工食料的牲口出現死亡案例。[15]專家起先相信這是因為舊有的亞硝酸鹽中毒問題，但檢測證實這些食料幾乎沒有任何亞硝酸鹽殘留，至少不足以引發中毒。相反地，他們發現一種最可怕的亞硝胺，即二甲基亞硝胺（又稱N-亞硝基二甲胺）。研究者們了解到，是亞硝酸鈉與蛋白質產生作用，促使這種物質出現。[16]

幾年間，硝化添加物的問題改變了方向：就像揭開了面紗般，人們發現除了直接毒性之外，硝化添加物被懷疑能「產生」致癌物。一九六八年，醫學期刊《刺胳針》在一篇具有里程碑意義的編輯報告裡揭露了這個問題。文章題為〈亞硝酸鹽、亞硝胺與癌症〉，解釋為何在食物中意外發現的亞硝胺激起了「最嚴重的疑慮」[17]。在規定豬肉製品中硝化添加物的使用量時，衛生相關機構只能處理科學上已知的風險，亦即亞硝酸鹽對血液的毒性效果。然而人們卻發現了消化添加物能激發沒有人懷疑過的化合物。這些物質不會攻擊血液，卻會引發腫瘤。怎麼辦？《刺胳針》表示：「當人們落實亞硝酸鹽的食品用途規範時，只計入『毒性』*的面向。在驚人的生物性、毒性與**致癌性**等力量被發現之後，情況變得更為複雜。」[18]

這個遲來的理解，正處於現代豬肉製品大戲的核心。製造業者與衛生相關單位相信，消費者只要限制硝酸鹽與亞硝酸鹽的攝取量遠低於急性中毒的程度即可。因此，在公共衛生最高諮議會裡，專家路易．特琥費爾便強調自己完全認識到這些風險，因為他自己也參加了亞硝酸鈉中毒者的解剖。就像他在一九五三年解釋的，他「估計在可預期的條件下，可以避免一切急性中毒事件」[19]，因為亞硝酸鹽在豬肉製品中的含量比起能

* 在醫學上，「毒性」與「致癌」物質總是會被分開來談，因為不同種類的物質有不同的作用模式。

引發立即中毒效果的劑量還有一大段距離。

有毒的禮物

同樣的現象在每個亞硝化製程合法化的國家都曾出現。倡議使用硝化添加物的人們相信，由於「殘留劑量」會遠低於急性中毒的標準，公眾健康因而得到保障。他們怎麼也想不到除了已知的效果之外，亞硝酸鈉還會產生致癌的代謝物。急性中毒的風險，讓人們忽視更複雜、更險惡、更晚顯現、較難指出傷亡數字的危害。回顧過往，其實某些說法已經相當令人憂心。像是公共衛生高等諮議會在一九五三年檢視亞硝酸鈉時，檢視委員會的一位成員（法布赫〔Fabre〕醫師）解釋了為什麼「根據醫藥學院遵行的守則，我們無法毫無保留地同意相關產品的使用」[20]。重要的是，並不「只是致死劑量的問題，還有持續攝入有機體內的有害劑量等問題」[21]。另一位醫師（德黑福斯〔Dreyfus〕醫師）更進一步強調，亞硝酸鈉是一種效果極強的物質：「在食品衛生上必須非常謹慎。亞硝酸蘇打只要十釐克的劑量就足以造成危險……。再進行治療時，用量僅為一釐克。」[22]他結論道：「只有在我們能確定產品不具毒性時，才能授權使用。」[23]

幾個月後，在另一場會議裡，就職於Olida工廠的研究者提到：「硝化鹽危險與否，是一個可待研究但仍無討論的問題……只有讓某些實驗動物在持續數月甚至數年間，乃至連續數個世代攝取之後，才能解開這個極端重要的生理毒性問題。」[24]而他們的結論則是：「事實上，需要更長的時間才能讓某些生理毒性顯現（例如DDT在進行穀倉或磨坊消毒後進入穀物之中、例如食用色素、例如葡萄酒中的亞鐵氰化鉀等）。」[25]

美國醫師也有著同樣的反應。當美國農業部在一九二五年決定允許豬肉製品業使用硝製法時，這則授權從未經過任何醫學測試便獲得通過。《美國公共健康期刊》（*American Journal of Public Health*）立刻做出回應。在題為〈亞硝酸鹽獲准用於肉品〉的長篇社論裡，期刊寫道：「漸進性與累積性的傷害並未得到足夠的評估，可能要在許多年後，災難性的結果才會顯現。在過去，未曾有任何硝酸鹽無礙健康的證據。從今而後，尤其是在亞硝酸鹽與硝酸鹽的使用獲得授權之後，顯然必須立刻針對攝取這類化學產品的效應進行完整的實驗。我們不能只信賴那些證明亞硝酸鹽對肉品產業有益的實驗。」[26]

當代豬肉製品的悲劇，早已在這些一九二六年出版的字句中嶄露徵兆，卻沒有引出任何相關的研究。而當這些恐懼獲得確認時卻已太晚。一套複雜精緻的生產系統已經建立，結合硝化科技作為製造程序的核心，運作起巨大的經濟動力。在見到這些指向硝化添加物的線索，以及予以歸咎的證據不斷累積時，豬肉製品產業該如何是好？作為長久傳統的繼承者，某些肉品醃製商（特別像是帕爾馬地區的那些）得以採行必要措施以回歸過往。但對其他製造業者而言，並沒有所謂「過往」可言。他們的一切成功都正是來自於以這類添加物為基石的高產量系統。對肉品包裝業者而言，拒絕硝化添加物，等於重新學習從未使用過的技術，包括重新適應生產工具，並與豬肉製品即時生產的「奇蹟」——外觀完美、易於從事、儲存與販售——之間劃清界線。

他們的不認同會很令人意外嗎？他們唯一的解決方案，就是向前逃亡。就從此時起，悲劇變成醜聞。為了替發現致癌性的硝化添加物尋求正當性，對其極端依賴的豬肉製品工業必須開始說謊……。

II

如何讓人接受癌症：肉毒桿菌新登場

第8章 「血腸裡的毒藥」：肉毒桿菌

根據豬肉製品業界的說法，硝化添加物已不再作為染色劑使用。今天，它們被用來保護公眾，是唯一能有效對抗肉毒桿菌（Clostridium botulinum）的方法，少了它，肉毒桿菌可能會在肉品內孳生。這種微生物會生產一種毒素，攻擊神經系統，並引發肌肉癱瘓，是現存效果最強的毒素**之一**——如果不是**最**強的話。只要攝取幾公克含有肉毒桿菌毒素的食物就足以導致死亡。業界支持的論點是，在他們的產品裡，不容缺少有效的殺菌劑。例如在一份由化學產業學會於二〇〇六年出版的期刊裡，我們就可以看到：「下次您上超市時，請注意一下培根等豬肉製品的製造原料。如果沒有亞硝酸鹽字樣，這會相當不可思議，甚至令人憂心。亞硝酸鹽的存在有非常重要的理由。我們的祖先發現，它是令人逃過一死的唯一法門——今天我們知道，這種極為難堪的死法是由肉毒桿菌的毒素所引發。」[1]

根據亞硝酸鈉倡議者的說法，我們可以找到這種預防手段開始的時間：在十九世紀初期發生了一次大流行，某位德國醫師因而發現，肉毒桿菌中毒與豬肉製品中沒有硝化添加物有關。[2]當代製造業者的主旋律由此而生：肉品的硝化加工法是為了保護消費者；沒有其他可靠的替代方案；致癌的風險是為了安全而付出的代價。然而，史料則揭露了歷史的另一面。

史瓦本地區大流行

在德國東南方，符騰堡是香腸的世界性發源地之一。今天，在葡萄園構成的景觀中，此處已是一個富饒寧靜之地。但在一八一五年左右，這個地區曾發生過嚴重的衛生危機。拿破崙戰爭造成本地居民一貧如洗，多年來的歉收更導致生活條件嚴重惡化。[3]當數十位農民在食用製作不良、烹煮不當、任意存放，又以變質的肉品與不清潔的腸衣所製成的血腸而死亡後，恐懼因而蔓延。

這些家戶都集中在史瓦本地區，穀物與果樹之地，有內卡河緩緩流經。本地有新教傳統，接近神祕主義，比起東邊的巴伐利亞地區要貧困許多。醫師們已經知曉鄰近地帶幾個類似的中毒案件，但他們驚訝於外界對這種「血腸毒素」幾乎一無所知。[4]死亡人數不斷累積，促使政府發動學者們找出這些中毒案件的原因，以及治癒的方式。我們可以藉由《符騰堡醫藥信函》（*Correspondance médicale du Wurtemberg*）來了解相關研究的進展，這份文獻中記載著在地醫師的觀察，以及他們對這些無法治療的中毒事件逐漸發展出的各種假設。醫師們提到，最先的徵兆常與視覺有關。在一個葡萄農家裡，二十多歲的年輕父親首先開始抱怨自己看見疊影以及「眼前的煙霧」。他在幾天之後死亡。另一名男性說自己看見疊影、「接著是三重疊影」，接著在醫師給他看懷錶時，他發現自己無法辨別顏色與數字。[5]

直至今日，複視仍然是藉以發現肉毒桿菌中毒徵兆的一部分，因為這種毒素會引發眼球肌肉的癱瘓。在這首發的症狀後常會續以咬字與吞嚥困難（口部肌肉癱瘓），再來病症會蔓延至手臂、腿部、胸肌等。當毒素染至呼吸系統的肌肉時，受害者將死於窒息。在今天，肉毒桿菌中毒需要施以數星期的加強照護與呼吸輔助。儘管有了現代科技，還是有十%的病例無法倖存。[6]在讀過《醫藥信函》裡的摘要之後，我們可以想像這種病症在符騰堡地區所引發的災厄。當時醫師們駕著小車在病人間遊走，半夜抵達患者家時卻在燭光之下發現整家人都已死去。一頁接著一頁，悲劇不斷上演。醫師們述說著自己絕望地企圖拯救中毒者，用上了所有療法，嘗試使用樟腦、磷石、水銀、鴉片、水蛭，甚至砒霜。[7]

朱斯廷紐斯·克爾納醫師展開調查

自從首批警示訊息到來，相關單位與醫師們原先認為這是某種植物中毒，[8]接著又轉往其他假設，卻毫無所獲。中毒事件似乎是隨機發生，也找不出之所以在哪個村子發生的原因。一八一五年，一位年輕的醫師走進了肉毒桿菌中毒史：朱斯廷紐斯·克爾納（Justinius Kerner）接下有關單位的任命，也熱中於這些神祕的死亡事件。他取得血腸的樣本並萃取精華，在青蛙、蝸牛、鳥類與小型哺乳動物身上測試熬出的膏劑。克爾納未能掌握毒素的性質，卻能非常詳細地描述其徵候。他依此連續寫出了三本著作，發展出對這場詭異大流行的研究方式。他描寫每一個鑑定出來的案例，並對其發生頻率發出警告：在符騰堡，香腸似乎「與熱帶的蛇一樣致命」[9]。

和他的前輩們一樣，克爾納驚訝於這種流行病在地理上的極端集中性。他發現，類似的中毒事件八十年前在同一地區也發生過。更值得注意的是，這流行病似乎集中在某些特定的區域。例如，克爾納驚訝地發現，同一個村子在八個月內總計發生八十九件事故。[10]對他來說無庸置疑，這些中毒事件並非隨機發生，而是有原因的！他提到，多數的死亡事件都在春天，特別在四月，此時最窮困的農民會食用最後一批於上個冬季所宰殺、醃製而儲放至今的豬肉。這是氣候不斷變化的時刻，夜晚寒凍白日卻溫暖。儲存在室溫中的血腸，會歷經一連串反覆的結凍與解凍，嚴重加速了肉品的變質。這是否就是中毒事件的原因？

死亡接踵而來，調查指向一種稱為Saumagen或Blunzen的地方特產——巨大的「凝血香腸」，灌的不是腸衣，而是豬胃。[11]這些超大尺寸的血腸仍能在符騰堡見到。今天人們會在衛生無虞的處所製作，但兩百年前，這種產品有著重大的風險，一是因為尺寸（不可能煮到「熟透」），另外也是因為人們在相當原始的條件下進行製作。更糟的是，許多醫師指出，為了替血腸添加風味，人們還常在Blunzen裡加入正在腐敗的牛血。[12]不可避免地，這些奇怪的製作過程有時會產生災難性的發酵作用。在一篇題為〈論人工製造食物〉的文章裡，克爾納反對那些混合各式各樣原料（胃袋、乳汁、血液……）的食譜，認為那只會讓香腸更怪誕、風險更高。他引歷史案例為據提醒，經驗告訴我們要分離某些注定會產生風險的物質——特別是血液與內臟。克爾納引用了一位禁止「血腸」的拜占庭皇帝，並提及這些產品在傳統上就被認為不可信賴或相當可疑。「無人可販賣血製香腸，因為那是危險之肉」，一二五八年的巴黎市長禁令如此表示。[13]

許多接近硝製肉品業遊說團體的相關人士們，都認定克爾納就是首位將肉毒桿菌中毒與「硝酸鹽／亞硝酸鹽的不存在」二者建立起關聯性的人物。[14]由於他們並未說明來源，確認變得困難。無論如何，這些人士都忘記了最基本的事。對克爾納來說，罪魁禍首並不是沒用硝石，而是清潔不足並使用變質的肉。[15]克爾納並沒有為殺菌劑辯護，正好相反。他的文字都反對豬肉製品在不當原料與隨便製作的影響下，變得有害健康。[16]對克爾納而言，香腸之所以變得有毒，是因為那些製造者並不遵循肉品加工時的衛生守則。結論是：必須對香腸製造者加以控管，並對消費者展開教育。由於被害者都是最窮困與最不識字的人，克爾納建議推動資訊宣導，採用容易理解的圖紋、有插畫的曆書、以圖片表示的歷史——其中人物之一便代表了死亡。[17]

製造不良與黑心詐欺

在一八五〇年代初期，符騰堡再度歷經一場經濟衰退。肉毒桿菌中毒事件的數量也達到第二次高峰。[18]杜賓根大學教授朱略斯・史洛斯伯格（Julius Schlossberger）受命協調衛生單位的相關作業。在調查之後，醫師們敲響了警鐘：涉案的香腸全都是在溫暖的季節裡製造的，使用的血液與脂肪並不新鮮，產品也沒有正確地以燻製法加以保存。[19]一位醫師以宿命論的調性為其報告作出結論：「有鑒於大眾食用血腸與香腸的量之巨大；有鑒於製造與燻製條件中糟糕的照料缺失；有鑒於所選原料極易變質；有鑒於公眾的粗心，就算出現變質的氣味還是願意食用……到最後，最讓人驚訝的，是為什麼中毒事件沒有比現在更多。」[20]

血腸與香腸的製作，要求許多人工處理。位於大流行區域中心的伯布林根工藝博物館裡，展示著各種絞肉器的收藏品，讓我們對舊時豬肉製品技術的原始性有所認識。當時的文字顯示了要製造出「所有種類的血腸、豬雜腸、鮮血腸、肝醬腸、香腸、胡椒血腸、短香腸與義大利熟肉腸等」[21]應遵循的程序：肉品在砧板上用刀切碎，接著用漏斗填入腸管。在一則源自維也納的插畫裡，一名女性將肉切碎，裝進提籃，由兩名男性進行灌腸：一人抓住腸管，另一人則使用漏斗與一支大湯匙填塞肉泥。[22]

一幅藏於法蘭克福某間博物館的十七世紀繪畫，展示了一對年老的豬肉製品商，在他們的工作間裡，女性正在木桶中處理腸衣；男性身上的圍裙沾滿血跡，顯然剛宰殺過牲口。[23]另一幅繪畫則顯示了舊時的製作氛圍：在穀倉裡，年輕女性在一張桌子上放著一大塊肉；鐵鉤上掛著內臟，豬鼻懸在提籃邊緣，其他肉塊就置於地面。十八世紀的一塊浮雕則描繪一位農民在別人掏淨豬隻時清潔著內臟，有隻狗在一旁享用掉到地上的肉塊。[24]

在這樣的條件下，香腸與血腸的製造帶有細菌感染的嚴重風險，迫使豬肉製品業者必須遵循衛生規範，以及傳統上認可的製造方法：必須在宰殺後立刻加工，只能在寒冷的季節裡從事。而且，香腸要經過長時間的烹煮（多數的描繪都聚焦在烹煮的場景上，要記得，豬肉製品的法文原文「charcutier」意即為「chair-cuitier」——煮熟的肉），[25]長久以來，烹煮都被視為確保肉類得以保存的方法。[26]

在符騰堡進行調查的醫師們還發現，受災的家戶總是出現在製造業者不遵守預防措施的地方。致死香腸的製作違反傳統規範，接著又儲存在易於腐爛的條件下。[27]當地的《施瓦本商報》（*Schwäbischer Merkur*）報導了一位悲慘的年輕女性案例，她在食用一大塊製作不良的血腸之後死亡。這條血腸過粗，導致在製作時沒有煮熟。接下來的燻製也沒有正確執行，有可能因為忙於每天早晨的販售而使前一晚的作業都被中斷。最後，這個產品在毫不謹慎的條件下存放了幾個星期，既無冷藏，又暴露在高低變化不斷的環境溫度中。[28]

下一個案例就在幾個星期後。七月正中，一名貧困的工人獲得兩塊肝醬腸替代工資。這份Leberwurst肝腸看來已變質，但工人太窮，仍與配偶及十四歲的兒子分食。「他們如此飢餓，無暇顧及令人不悅的氣味，只靠沙拉的酸味加以減輕，便大啖起來。」[29]三人都宣告死亡。除了夏季月份的溫度之外，醫師還咎責於豬肉製品商。幾十公里外，發生了另一場悲劇：在一位鞋匠家中，雙親、小孩、助手、女傭等，共十二人全都病倒。造成這一切的香腸被存放在超過攝氏二十五度的環境下，有著濃重的蒜味。主治醫師展開相關調查：「人們說肉不夠新鮮，豬肉製品商把沒賣完的香腸混入新的肉裡偽裝成鮮肉來販賣。」[30]這位豬肉製品商是否多加了蒜頭來蓋過回收香腸的惡劣氣味？商人否認，但最終的調查結果確認了他的罪行。[31]

醫師們認定中毒事件大可避免

符騰堡醫師們的調查越有進展，他們就越感到這些死亡全都源於人為疏忽。朱斯廷紐斯·克爾納的流行病學假設獲得證實：在史洛斯伯格教授於一八五二年研究的五十五件中毒案例中，有二十一件發生在四月，而施瓦本地區以外幾乎沒有接獲任何案例。[32]統計數字確認了某些香腸特別容易受到影響：含有乳品、麵包塊或其他疑似會腐壞的成分——尤其是腦髓等。若存放時不小心暴露在多變的溫度之下，這些食材就可能連續經歷數十次的結凍、解凍循環。[33]更重要的是，這些中毒事件從來不曾出自於合格豬肉製品業者所製造的香腸，總是來自於不了解或不遵循最基本規範的鄉下小商人的產品。[34]若是謹慎從事，豬肉製品並不會產生危險。肉毒桿菌中毒的原因既非厄運也非隨機，而是因為衛生不良與缺乏專業——當然這是在沒有金錢誘惑的前提之下。

要求整頓的呼聲毫無成效。中毒事件不斷發生，激起醫師們的憤慨。流行病學家開始當起檢察官。在一八六〇年，軍醫施洛德（Schroter）執筆痛批死亡事件的接連不斷：

「報刊的頁面上，中毒事件從不間斷。在各種警告下，這些慘劇依然持續發生，使人無比震驚。」[35]他憤怒地指出，不過三年前才剛有農民死亡的村落，卻又出現新的案例。「就算在那些已經大字刊上肉毒桿菌感染年鑑的村落，還是發生了中毒事件！」[36]死亡事件不足以勸退周圍的豬肉製品業者，他們還是持續蓄意販售腐敗的產品。腐敗原因是：尺寸過於粗大；製造時用了「舊血漿」或「噁心的腸衣」；燻製過程太短根本起不了作用。[37]在史洛斯伯格教授的正式報告裡，他得出同樣的結論：一無例外地，肇事的產品都是由不合格的人士在製造時犯下一連串的錯誤所導致。[38]

最受到嚴厲批評的問題在於熱度。早從第一份官方報告開始，杜賓根大學資深教授奧騰瑞斯（Autenrieth）就提到，肇事的香腸在烹煮時並未遵照規範。[39]接下來的其他醫師確認了關於熟度問題的假設：香腸可能是因為太過粗大導致無法煮熟，[40]或是因為鄉下人們認為烹煮時間太長會破壞外觀。在高溫下，香腸會綻開、變形，腸衣也會破損。在報告中，醫師們嘗試教育貧困的農民們：「女人們，香腸要煮熟！別怕讓它裂開！要怕的是若沒煮熟，您的血腸就會毒害丈夫與小孩！」[41]

謎題的終結：肉毒桿菌現身

一八五五年，由比利時藥師艾都瓦・凡・登・寇爾普（Édouard Van den Corput）所著，一本題為《論肉品與燻血腸中產生的毒素》（*Du poison qui se développe dans les viandes et les boudins fumés*）的論文獲得出版。就像在他之前的醫師們，作者提到他鑑定出的中毒事件裡，有一半都發生在四月。[42]他的疑惑是：什麼造成了這些稱為「毒血腸」和「帶毒」肉品的東西？他自問，為什麼這些神祕的有機物質會在德國的四月增生，「而且幾乎完全限於一個特定地區，或有限的地帶之內」？這位作者重拾前輩的警告，預料諸多中毒事件應該會促使消費者排斥那些「被黴菌或變質所侵襲，在吸引消費者上門前已經過二十道手續，改造成多少有點吸引人的外觀，以逃避官方未預警的檢查」[43]的豬肉製品工法。這是頭一篇表述某種毒性微生物假說的文字。作者想像一種肉眼不可見的「低階植物」（蕈類或藻類），他稱之為「sarcina botulina」（源於拉丁文的botulus，意為血腸或灌腸）。幾年後，路易・巴斯特（Louis Pasteur）確切地描述了多種能在無空氣狀態下增生的微生物，此即厭氧細菌的首次發現。另一方面，羅伯特・寇克（Robert Koch）則發現了造成炭疽病的桿菌，接著又辨識出引發肺結核的細菌，最後還確認了霍亂是由霍亂弧菌（vibrio cholerae）所造成。這是微生物學爆炸性發展的時期：傷寒、白喉、破傷風、肺炎……傳染病一個接著一個地供出自己的祕密。

下一個案例來自比利時，就在布魯塞爾五十公里外的一個小村落。一八九五年十二月，在埃勒塞爾的教堂，人們為享年八十九歲的安湍・克黑特（Antoine Créteur）舉行葬禮。市立管樂隊隨著出殯行列吹奏各種旋律。接著，根據傳統，樂師們相聚一堂享用酒食。當時供應的生火腿氣味極差，導致某些人退避三舍。「少數幾個人，為了吞下他們那一份，不得不塗上滿滿的芥末。儘管有此準備，他們承認還是難以吞嚥。」[44]幾個小時後，症狀開始浮現：樂師們出現複視，而且「看東西時像是眼前有霧靄」。十幾個人病倒了，其中三人死亡。[45]

一位生物學家，愛彌爾・凡・厄門占姆（Émile Van Ermengem）受令進行醫學專業研究。他蒐集了解剖結果，並取得肇事火腿的樣本。他使用了從寇克那裡學得的全新細菌培養技術，從而辨識出肉毒桿菌中毒的根本因素，即「易於複製的大型桿菌」[46]。謎題終於解開，凡・厄門占姆用一篇於一八九七年發表的冗長摘要，宣告一整個世紀研究的結束。摘要裡還附上了這些終於面世的細菌在歷史上的首批照片。在二百四十六頁的最終報告裡，凡・厄門占姆字句鏗鏘地道出極為重要的結論：藉由遵守衛生原則與實施良好製造規範，肉毒桿菌中毒是可以避免的。凡・厄門占姆說明，在埃勒塞爾，肇事的豬肉是在八月宰殺，還未經冷藏。另外，牲口也沒有放血乾淨。[47]在屠宰後，用來浸泡肉品與其後加工的醃漬液已經腐敗。[48]肉品被置放在桶中數月，浸泡的液體鹽分太低，不足以有效保存。凡．厄門占姆指出，符騰堡香腸通常是因同樣的醃漬失誤而產生危害。經過一連串針對他辨識出的細菌所進行的實驗，他證明了純食鹽（不含硝酸鹽或亞硝酸鹽）能徹底阻礙桿菌孳生。要避免埃勒塞爾的意外事件，只要回歸足量濃縮的醃漬液即可，「就像人們習慣使用的那種」[49]。再一次地，凡．厄門占姆確認了烹煮的重要性。如果沒有遵循衛生規範，如果醃漬過程沒有小心從事，只要製造業者將火腿或香腸肉煮熟即可：「適當的烹煮就能讓埃勒塞爾的火腿完全不具危害。」[50]

在接下來幾年，凡．厄門占姆藉由另外的抽樣調查來確認自己的觀察。他的結果每次都獲得證實，[51]以至於連食品科學手冊都清楚地寫下這種預防方式：依正確方法製造的豬肉製品，就沒有被細菌感染的風險——若是煮熟就更好！因此，加工肉品業界的世界性權威，凡．奧斯特加德（von Ostergard）教授在其《肉品檢驗手冊》（*Handbook of Meat Inspection*，一九一二）中便寫道，衛生與（在醃漬與烹煮時）遵守生產規範，就足以消滅所有肉毒桿菌中毒的風險。他精確地描述了中毒事件的原因，總是源於製造者不遵守慣習規範。[52]當時的食品科學期刊與關於細菌感染風險的手冊也如是說。遵循屠宰、製作、衛生等規範，加入慣常用量的食鹽，就足以保存豬肉製品。[53]就是因為豬肉製品業者遵循這些規範，才讓肉毒桿菌中毒事件在符騰堡以外的地區如此罕見，在法國幾乎無一案例。[54]與今日亞硝酸鹽遊說團體所說的正好相反，造成肉毒桿菌中毒的並不是缺乏添加物，而是無知或造假。

第9章 拿肉毒桿菌當藉口

為了將硝酸鹽與亞硝酸鹽的使用正當化，業界總說肉毒桿菌中毒的案件持續發生。然而，若檢視在法國的肉毒桿菌中毒統計數字，我們將會驚訝地發現，產生危害的總是同樣的產品：在自家地窖或車庫醃製、使用手邊有的材料，由未經認證的個人所製作的火腿。[1]在德國也一樣，與肉製品有關的寥寥幾件肉毒桿菌中毒案，都是因為醃漬時缺乏冷藏處理。[2]相對地，許多製造業者完全不用硝化添加物，產品也沒有造成任何肉毒桿菌中毒事件。

同樣地，在這裡，歷史讓我們看得更清晰。二次世界大戰期間，法國曾經歷過一場嚴重的肉毒桿菌大流行。在那之前，這種疫病還極端罕見。[3]一位以相關研究作為博士論文的醫師在一九四四年寫道，「直到一九三九年之前，其影響所及多半只是例外」。[4]在戰事發起前四年間，巴斯特研究院在全國範圍內只鑑別出三個肉毒桿菌中毒案件的起源。[5]科學諮議會主席與微生物單位主管荷內・勒葛乎（René Legroux）教授在一九四五年指出：「在德軍占領的四年間，相反地，我們發現了四百一十七件案件，通常每件都關係到數位受害者，約在二到十人之間，」受毒害的法國人因而在四年間「超過千人之多」[6]。戰後，醫藥學院公布了題為〈肉毒桿菌中毒與鹽醃火腿〉的報告。[7]作者們指出，這場突發的大流行是由於不遵循傳統製造規範所致。為了供應黑市所需，屠宰場私下進行運作，完全不遵守衛生與冷藏的規範。學院的公報提醒，在傳統上，火腿只能在有良好冷藏條件下製作，尤其只能使用空腹的牲口——若非如此，肉品就會腐壞。但在一九四四年，由於匱乏問題，鹽漬肉品的「買家出價極高，導致火腿在春夏兩季都會進行製作」。牲口飽腹而來，食物都還在消化，而醃漬又在糟糕的條件下進行，只因為「此時食鹽非常昂貴，農人只能節省著用」[8]。透過一則對三百頭豬的實驗研究顯示，勒葛乎教授與同事們在一九四四年證實了肉毒桿菌中毒完全是可以避免的。他們證明，大流行根本只是與牲口屠宰的條件以及不遵循基本規範有關。[9]問題就像凡・奧斯特加德在十九世紀末期所說的：屠宰草率、惰於衛生、冷藏粗心、醃製過程不完全又缺乏控管。這些結論受到調查一九四〇到一九四四年大流行的醫師們一致同意。一個接著一個，他們都做出相近結論：若由專業人士謹慎進行，所製成的食品「可以輕易避免肉毒桿菌感染，應可將其從食品中毒事件紀錄中完全去除」[10]。

幾十年後，肉毒桿菌中毒事件又在一九八〇年重現於蘇聯鐵腕下的波蘭；中毒事件與一種稱為「瓶中肉」的原始防腐製程有關，當時的經濟困境迫使人們草草作業。[11]如今在這個以超現代輸送帶生產的時代，法國豬肉製品業者能在完全潔淨的條件下進行作業（人稱「白室」），某些業者甚至使用機械人自動作業）；而最大的製造業者、創新的領導者，卻拿往日窮困的業餘豬肉製品商以自家地窖為工坊所導致的意外悲劇為擋箭牌，看來十分可笑。當一名剛皈依的教徒，獨居在科西嘉島密林深處——或沒有冷藏設備的阿爾代什外省區，或薩丁島上一座小屋等——因為無法掌握衛生條件而需要「保全」幾分粗製濫造的豬肉製品時，誰也不能反對說，殺菌劑可能挺有用的——不管這指的是硝化產品或另一些較不危險的殺菌劑。奇怪的是，我們該如何想像：那些世界性大型食品集團裡的模範關係企業，仍無法保證現今工坊裡能維持適當的冷溫，或遵守屠宰規範？今天，豬肉製品業的巨人們爭取保留用硝化物來製作火腿、五花肉丁、熱狗腸與各種香腸的權利，甚至要用在冷凍食品的製品（譬如火腿可麗餅等）上。誰會相信在這些一流的農產—食品企業裡，沒有人知道怎麼掌握醃製與烹煮等技術，而員工還會拒絕洗手並使用清潔的工具呢？

從蘆筍到優酪，肉毒桿菌處處可見

肉毒桿菌在自然中隨處可見。它們存在於地下（土壤、腐土……），在田埂與花園，在河川與湖泊的沉澱物，在河灣周邊的岸上等。這就是為什麼這類細菌常會出現在魚鱗、哺乳動物（包括人類）的消化管道，以及蔬果的表皮上。只要這種微生物或它的休眠型態（孢子）找到適當的環境就能滋長。在二十世紀初期，多數的微生物學家都還認為肉毒桿菌中毒完全只與由動物肉製成的產品有關。而自從一九〇四年在德國發現沙拉中的豆類引發感染源後，一切就隨之改觀。[12]同樣的場景在幾年後發生在加州，有十二人在食用豆類罐頭後病倒。自此以後，在法國等國家，發生了數百件由加工豆類導致的肉毒桿菌中毒。[13]還有蕈類，製造不良的罐頭一再於各大加工生產區引發意外，從加拿大到中國皆然。許多加工品都引發了肉毒桿菌中毒事件，像是蘿蔔、紅蔥、蒜頭、瓶裝甜椒、罐裝菠菜、豌豆粒罐頭等。

一篇近期刊出的摘要，讓我們對可能產生類似問題的食料產生一點概念：這種細菌曾在墨西哥雞肉捲餅、蝦肉料理、核桃口味優格、花生、馬斯卡彭乳酪、生火腿、炒洋蔥、橄欖、油漬茄子、辣肉醬、乳酪醬汁、青蒜醬、罐裝鮪魚與沙丁魚、馬鈴薯加工品、蘿蔔汁等食品中發現。[14]這個風險隨著真空包裝的發展不斷擴大，因為肉毒桿菌是種厭氧的細菌。除非含有一點酸性，不然幾乎所有的加工食品，**只要製造過程有瑕疵**，都可能有肉毒桿菌中毒的風險。

某些蔬菜的問題特別嚴重：當肉毒桿菌存在於土壤中時，在地底生長的植物常會因而帶菌，尤其是在施過肥的農地裡。蘆筍罐頭時常會引發中毒，在美國、[15]澳洲[16]與法國[17]都曾發生。這些中毒事件通常源於自家製作的罐頭，但工業生產的罐頭也曾引發意外：一九七二年，在聖艾蒂安，有三人在食用購自商店的罐裝蘆筍後受到感染，其中二位死亡。[18]馬鈴薯也會產生嚴重危害：許多肉毒桿菌中毒案件源自於馬鈴薯沙拉、[19]真空包裝馬鈴薯與煮熟的馬鈴薯、加入醬汁的馬鈴薯、[20]馬鈴薯湯[21]等。一九九四年，在德州一場聚餐席間，用鋁箔紙包裝保存的馬鈴薯所製作的餐點，造成三十人受害，而且還不止此一例。[22]人們是否能夠想像：有鑒於這些中毒事件，因而授權亞硝酸鹽使用於真空包裝馬鈴薯、豆類或蘆筍罐頭、含有菇類的熟食，甚至蔬菜湯裡？

橄欖內加入亞硝酸鹽？

橄欖比馬鈴薯風險更大。一九一九年，在美國首次鑑定出三個感染源（在俄亥俄州宴會中七人死亡、[23]底特律五死、田納西州七死[24]）。隔年在紐約，五口之家死亡。[25]意外頻傳，在調查後發現，原因總是不良的製造過程：使用的醃漬液鹽分不足，也沒有遵守鍋爐的最低溫度標準。製造業者不願加熱（因為不熟的橄欖在外觀上較為吸引人），說是害怕瓶子裂開。在歐洲，過去二十年來可以找到的有：義大利於一九九九年有野餐後七人死亡的案例，[26]還有二〇〇四年一家餐廳裡的十六例；[27]二〇〇八年荷蘭四名觀光客中毒，二〇一一年芬蘭有二人因杏仁橄欖而病倒；同年度法國沃克呂茲省有五人、北大區有四人因普羅旺斯橄欖醬而中毒等例。[28]

受到豬肉製品產業的啟發，橄欖製造商大可同樣利用這些意外來說服大眾，必須授權他們在橄欖中加入亞硝酸鹽。這種解決方案還有其他優勢：由於不再需要高溫加熱，橄欖的外觀將更漂亮。借助於其殺菌效果，橄欖能保存得更久，鹽分也可以降低。含有橄欖的熟食製造者（披薩、巴斯克燉雞等）也能主張同樣的動機，並要求對自家產品進行硝製處理的權利，「好保護消費者」。對大眾而言幸運的是，橄欖製造商並未擁有如豬肉製品產業的特權。對於橄欖，人們認為因手工製作缺陷而造成的意外並無法合理化在工廠加工時使用危險的殺菌劑。當製造過程疏失出現時，衛生當局會發出警告並將產品下架。[29]與其允許使用致癌的添加物，人們選擇嚴加控管產業製程，依需要改設裝備，並不時審視衛生規範，甚至為技師舉辦訓練活動。[30]某年在加州聖瓦金谷地的橄欖收成特別豐盛，任職於當地大學的專家便展開宣傳，提醒業餘的加工者們若在裝瓶前烹煮橄欖時間不夠久，就有可能變質成為恐怖的殺手。他們解釋這是因為，「有些人害怕若煮過頭的話，橄欖就會太軟」[31]。

其他具風險的產品也一樣。當許多由蘿蔔汁造成肉毒桿菌中毒的病原地浮現時，健康相關單位便重新審視生產商必須遵守的製造規範。[32]當醬料製造商採用的設備保養不良，引發一場肉毒桿菌流行時，某家北美大型製造業者便被強力約束，必須遵循衛生與加工生產規範。[33]在歐洲，人們靠改善衛生來打擊乳製品中的梭菌（Clostridium），[34]還發展出檢測的技術。[35]在伊朗，當某些傳統乳製品加工廠被發現與肉毒桿菌中毒病原有關聯時，政府便下令展開殺菌。[36]在各地的所有產品上，人們所採行的方案都避免著回頭再使用硝酸鹽與亞硝酸鹽，以及任何其他同樣有效的殺菌劑種類（漂白水、乙醇、戊二醛、氯化汞或氯化鉑等）[37]。唯有豬肉製品工業讓人們接受錯誤的說法，後面還會加上一句「沒有其他方法了」。

「帕爾馬式」諷刺

作為豬肉製品產業的忠實夥伴，歐洲食品安全局Efsa制定了「亞硝酸鹽最高比例」，同時也承認自己並未考慮到亞硝酸鹽代謝物的致癌效果。[38]受困於無數次遭到否認的利益衝突之間，[39]又憂心於無法要求肉品工業自我改善，＊這個機關持續地捍衛**現狀**，做做樣子象徵性地降低「亞硝酸鹽殘留」比例，完全不與豬肉製品的致癌性接軌。這個機關與豬肉製品產業同聲一氣，說起肉毒桿菌中毒就滔滔不絕：「在大多數的鹽醃肉製品中，亞硝化（或硝化）添加物對於避免肉毒桿菌及其產生毒素是**必要**的」[40]；亞硝酸鹽「是肉製品中**必要**的防腐劑，用以對抗有害菌種可能的增生，尤其是肉毒桿菌」[41]。

根據字典，「必要」指的是「需要有其存在」，「唯有其存在或其活動，才使得某個目的或某種效果成為可能」。若說亞硝酸鹽對業界而言是**有用**的，這毫無疑問。但它是否**必要**？Efsa主動忽視亞硝化製法的真正理由，表現得像是一旦停用致癌添加物就不可能做出豬肉製品似的。這個機關的主要辦公地點位於義大利——就在帕爾馬，傳統豬肉製品的聖地。因此，根本不必走遠，就能找到硝化製法既非不可或缺也非必要的證據。就在Efsa辦公室的周邊，城市邊緣彙集了諸多醃製工業作坊。要是看這個機關的訊息，毫無疑問地，必須「為了安全理由」[42]而繼續使用硝酸鹽與亞硝酸鹽，保護民眾免

＊二〇一七年六月，Efsa出版了兩本厚厚的報告，論及硝酸鹽與亞硝酸鹽的使用（*EFSA Journal*, vol. 15, °6 et °7, 2017）。Efsa承認硝化添加物是N-亞硝基化合物的一種來源，但建議「進行新的大型長期調查」（°6, p. 106）。在那之前，機構保證硝化添加物的使用對健康並無風險。它的假設是，若亞硝酸鹽在豬肉製品中維持低於能引發紫紺症中毒的劑量，就沒有理由認為豬肉製品會引發癌症……

於永恆的「肉毒桿菌威脅」。機關甚至指明了最容易產生風險的就是生火腿。[43]然而這很弔詭，因為在帕爾馬，硝化添加物從一九九〇年代起就被禁用在火腿上！帕爾馬的火腿商會在一九九三年就選擇回歸傳統製法，正式禁用硝酸鹽與亞硝酸鹽，轉而採用嚴格的製造程序、衛生與屠宰等規範。[44]商會中的一百五十家公司每年生產約八到九百萬只生火腿，其品質與滋味馳名世界。在這二十多年間，不曾檢測出**任何一件**肉毒桿菌中毒案！[45]

第10章 經典案例回顧：亞硝酸鈉與燻魚

人們根據經驗與傳統而採用食鹽、燻製、烘乾等技術來保存魚肉，控制細菌感染風險。但肉毒桿菌在水中沉積物裡非常活躍，使得含有魚肉的食品一旦製造不良，就會有嚴重的染菌風險。在法國被納粹占領期間，一名女孩及其父母在食用存放在高湯裡數日的鮪魚後死亡。[1]在十九世紀，對於肉毒桿菌中毒的調查顯示，因含毒血腸導致的死亡，與某些因食用全生或半生不熟，又在無適當醃製的狀況下存放數月的魚肉，所導致的中毒事件相當類似。俄國記錄下無數的事件，最常見的是鱘魚、梭魚與燻鮭魚。肇事的魚肉常只有經過極為粗糙的保存程序：「人們抹上鹽，然後與冰塊一起埋進土裡，放到木箱中。」[2]在德國，則以鯷魚最常見。[3]每一次中毒事件都與草率的處理方式有關。

這些中毒事件依然常見。一九九一年，埃及發生肉毒桿菌意外，九十一人因為鹽分添加不當的騾肉送醫，其中十八人死亡。肉毒桿菌中毒事件在愛斯基摩（因紐特人）之間經常出現，他們常會把食物埋在土裡發酵，因而易於孳生肉毒桿菌，特別是在使用塑膠袋取代傳統木桶之時。鮭魚頭也每年都會引發多起中毒事件。在這些較不典型的製程外，我們也會遺憾地發現許多肉毒桿菌中毒事件，來源可能是盒裝鮪魚、蟹肉、鯡魚、石斑、鯷魚、魚子醬、蝦、燻鱒魚……，[4]一則二〇〇五年的摘要曾提到在加工不良的魚肉（芬蘭、德國）、鮭魚卵（加拿大）、沙丁魚（南非）、蛤（美國）與乾鯨肉（阿拉斯加）等產品中肉毒桿菌毒素的統計。[5]抽檢也曾驗出這種細菌存在於鱈魚排、鯉魚、彩虹鱒、鮭魚等之中。[6]在法國，三年之間，曾被檢出有肉毒桿菌或其孢子存在的，則有干貝餐點、解凍的龍蝦、市面上的魚湯等。[7]

這些戲劇性的事件更強化了監管，並使人們更嚴格遵守製造規範——但不是要求製造商遵守規矩，而是將思考硝製法作為選項，因為對魚肉製品的檢驗證明，用亞硝酸處理非常有效。[8]例如，我們可以用亞硝酸鹽處理蟹肉棒，因為不良的製造過程可能會造成蟹肉棒含有肉毒桿菌。[9]人們尤其會想要用亞硝酸鹽處理燻魚，特別是鮭魚。

亞硝鮭魚？

如果製造過程不良，燻鮭魚可能會成為肉毒桿菌中毒源，就像火腿一樣。由於保存在厭氧環境（真空包裝）裡，又時常未經烹煮便食用，燻鮭魚的製造商——就像豬肉製品業者那樣——也可能會主張自己的產品有著細菌滋長的理想條件。[10]就像對豬肉製品一樣，Efsa也可以授權在製造燻魚時使用亞硝酸鈉，因為這樣可簡化製造程序，理論上也可提供某種「附加保證」。實驗表示，這種處理方式可以再加上三到四星期的安全食用期間，比起燻魚原來的保存期限要增長許多。[11]*硝製魚類的遊說團體還可以運用其他威脅，例如證明亞硝酸鹽可以把其他細菌感染風險降到最低，特別是李斯特菌（Listeria monocytogenes）。另外，添加亞硝酸鹽還有一項優點——可能會吸引某些律己不嚴的廠商。就像對肉類一樣，亞硝酸鹽也會對鮭魚肉起作用，凸顯色澤、美化外觀。藉由其殺菌作用，亞硝製程能簡化製造步驟、簡化運輸與儲存，延長上架期間，減少退貨金額。

但添加亞硝酸鹽的鮭魚會成為致癌物N-亞硝基化合物的來源。歐盟因而傾向於讓燻鮭魚製造業者遵守衛生規範，並遵循製造常規，使其免於倚賴化學殺菌劑。業者們完全做到了：幾十年來，燻鮭魚產量的可觀成長，並沒有帶來肉毒桿菌中毒案的提高。歐洲人因而得以食用大量的燻鮭魚，既無肉毒桿菌也無亞硝酸鹽。但在某些國家，依然有某些製造商不顧禁令使用亞硝酸鹽造假，因而被裁罰。[12]

無論如何，還是有國家在燻鮭魚上授權使用亞硝製程。在美國，業者成功製造了使用亞硝酸鹽添加物對於確保消費者安全必不可免的印象。他們採用的戰略，今天豬肉製品業者仍在使用。這就是為什麼亞硝鮭魚的故事值得一說再說。

美國方案

就和家畜肉品一樣，魚肉腐壞的速度也很快。中世紀的歐洲人將魚類防腐的技藝臻至完美：藉由「鹽燻」（結合鹽醃與燻製的手法），讓每年只盛產三個月的鯡魚，得以不經烹煮便免於腐壞。[13]人們因而能將其保存數月，不須冷藏，還能運送至遠離產區的地方。

較晚時，隨著對美洲大陸的逐步占領，製作燻魚的工坊在北美沿海地區接連設立，而後向內陸發展，特別聚集在五大湖區。十九世紀，有賴於化學產品的進步，新的殺菌劑在歐洲與美國持續倍增。這些化學產品能取代傳統結合鹽醃與燻製的技術，使得製造程序更為簡化。製造商只要在魚肉上撒下防腐粉，或將其浸泡在殺菌劑中一段時間，就能徹底省略燻製過程，並生產出鹽分較低的產品，而同樣能長期保存。就像家畜肉品一樣，這個市場在十九世紀末出現爆炸性的發展。最為人知的產品有硼砂、硼酸、亞硝酸

＊ 加入亞硝酸鹽能讓保存期間從三十五天增加為五十六天。若是燻鱒魚，加入亞硝酸鹽後保存期限能增加近一個月。

鈉、氯酸鈉、醋酸鋁、硫酸鋁、小蘇打等。[14]

一九二五年，美國政府授權在豬肉製品製程中使用亞硝酸鈉。魚肉加工業並未獲得授權，但仍有黑市發展。地方公會組織起名為「國家漁業研究院」（National Fisheries Institute）的遊說團體，讓燻魚製造業者能展開行動，比照豬肉製品業者，獲取硝化添加物的使用權。為了達成訴求，他們表示「硝酸鹽與亞硝酸鹽能減輕鹽分的影響，並改善色澤穩定度，還能使蛋白質穩定並具備殺菌效果。這一切都能延長保存期限」[15]。但衛生主管機關卻拒絕。美國食品藥物管理局FDA認為在燻魚製程中使用亞硝酸鈉並無正當性，因為這會讓產業倚賴化學產品的使用，取代並無缺陷的傳統技術。[16]就像其他的人工防腐劑（魚類和蛋中的硼酸、啤酒或葡萄酒中的氟化鈣、乳品中的甲醛……）一樣，FDA認定這些產品的使用「遮掩了製造過程中的不良技術」[17]。FDA表示，亞硝酸鈉不能使用在魚排上，因為它不能用來取代一般認知中的「良好生產方案」（good manufacturing practices）。在一九五〇年代，FDA首長（主任官員）強調：「當公共健康成為問題時，人們不能完全任由市場邏輯決定。必須要制定法規，才能限制某些寧願待在陰影裡、為求獲利肆無忌憚的製造商。這的確只是少數，但必須要能監管。」[18]

以亞硝酸鹽取代「良好生產方案」

整個一九五〇年代裡，FDA都保持一致立場，持續反對在魚類和海產上使用硝化添加物。當業者要求在鯨魚肉上的使用權利時，該機關拒絕並說明：「我們認為硝酸鹽與亞硝酸鹽是有毒或有害物質，總體來說，在食品生產上也並非必要。這就是為什麼我們從未授權在法定產品上的使用。」[19]在另一封信函裡（這次則是回覆亞硝化鹽的製造商），FDA則寫道，它認為「在食品中添加硝酸鹽與亞硝酸鹽的無害性與好處，並沒有經由我們藥師所認可的任何方式予以證明」[20]。一九五七年衛生局寄給農業部的一封信函則表示得更為直白：「對於硝酸鹽與亞硝酸鹽作為食品原料的安全性，我們的藥學部門表達嚴正保留的態度。」[21]一九五九年，這種反對態度之明確，導致一家在某種鰈魚上使用亞硝酸鈉的廠商遭到定罪並入獄服刑。[22]

但也在此時，美國國會決定要放寬添加物規範。幾年後，在一場官方聽證會裡，FDA首長簡單地總結了這些方法的改變：「國會委員會已經表達，決定添加物使用的必須是市場，而非FDA。」[23]燻魚業公會因而重拾促使亞硝酸鈉合法化的行動。最先做此要求的是鮪魚加工業，因為這種魚肉在烹煮後會呈現土灰色，業者認為這不夠好看。一九六一年九月二十三日，他們獲得了在鮪魚肉與鮪魚製品中使用亞硝酸鈉的權利，藉以讓魚肉擁有更誘人的色澤（相關法規文字特別指出，這種添加物是作為色素使用）。[24]接下來的是燻魚業者，特別用於「染色與保存」：首先是鮭魚（一九六一年九月授權添加亞硝酸鹽），接著是一種鯡魚（一九六三年七月授權添加亞硝酸鹽），再來是黑鱈魚（一九六四年十一月授權添加亞硝酸鹽）。[25]

一九六五年，在挪威多起由亞硝酸鈉處理過的食料所蓄養的動物死亡事件之後（見本書第七章中「從奇蹟到警示」一節），FDA敲響了警鐘。該機關的疑慮是來自於，事件中採用的食料正是硝製魚類磨成的粉。[26]FDA因而拒絕繼續發予授權，並開始重新檢討已經發予的授權。它的解釋是，尊重衛生規範與製造法規（即「良好生產方案」）便足以保證產品安全無虞，硝製法並無必要。然而某些製造業者並不如此行事，[27]因此又發生了許多燻製鰱魚（也是某種烏魚）引發的中毒事件。不遵循衛生、冷藏與加熱等處理規範，讓這些鰱魚成為三次肉毒桿菌中毒事件的病源。許多人因而死亡。業界趁著這些死亡事件激發的情緒，要求獲得亞硝酸鈉使用權，以「抵抗肉毒桿菌」，而非去遵循燻製過程的最低標準。為了正當化自己的要求，他們強調在研究變質的魚肉時，生物化學家們已經證明了亞硝酸鹽對所有細菌都有殺菌的作用，包括梭狀桿菌在內。[28]FDA反對這種說法，表示亞硝酸鈉並無此正當性，因為遵循製造規範就應該足以避免中毒事件。

然而，在為時數月的遊說之後，FDA還是在一九六九年八月讓步，授權讓製造業者減少鰱魚加熱程序強度，並可採用亞硝酸鹽製法取代「良好生產方案」。[29]

醜聞爆發

這些授權引來了消費者協會與環保團體的注意。一九七〇年，非政府組織「環境保衛基金」（Environmental Defence Fund）要求說明這些授權的基礎，但FDA拒絕揭露業者上繳的資料。環境保衛基金因而將行政機關告上法院。[30]於是FDA被迫開放自己的檔案，人們從中有所發現，而引發一場醜聞：儘管衛生機關授權使用亞硝酸鈉，但它自己的毒物學家卻認為這些添加物有潛在致癌風險，而在燻魚上使用也從未「必要」。[31]

媒體立刻抓住這個機會。由環境保衛基金的調查領軍，民選代表與記者們對業者的理由加以抽絲剝繭。例如在五大湖邊，美國製造業者們認為此地的細菌風險比歐洲與亞洲更大，因為當地的水中有更多致病菌類孳生；確實如此，但亞硝酸鹽使用者們因此認定硝化製法不可或缺，這個說法很快就被發現破綻：相對地，加拿大的生產者們也常在同一個湖裡或河裡捕捉同樣的魚，不過遵守製造衛生規範，便能輸出安全無虞的產品。[32]其他理由則無理得嚇人：一位硝製法用戶代表用來合理化的說法是，美國製造商之所以不樂於加熱其產品，是因為他們害怕讓魚肉扭曲變形，有鑒於顧客更喜歡直直的魚，製造商因而傾向於低溫燻製，讓亞硝酸鹽取代高溫……。[33]環境保衛基金做出結論：「業界與FDA把肉毒桿菌與亞硝酸鹽之間的『選擇』搬上檯面，這是一場騙局。」[34]這個組織寫道：「由於還有其他足以保護人們免於肉毒桿菌中毒的技術，沒有人可以說亞硝酸鹽有其『必要』（required）。」[35]

一九七一年，某個參議院委員會召集FDA主管前來。在國會面前，這些衛生機關負責人終於承認亞硝酸鈉的使用有利於魚肉業者，但從不是「必要」或「不可或缺」的。這次調查揭露了製造商之所以倚賴亞硝酸鹽，是因為這讓他們不需對冷藏與燻製設備的現代化進行投資。一位參議院的科學顧問，對聽證會做出這樣的總結：「對我來說，有一小群製造商既無能力也無意願正確採行『良好製造方案』。FDA能以嚴格規範予以監管，但它做的卻正好相反：提出授權替代方法的共識，好讓這些製造業者能保持競爭力。」[36]

幸虧這些國會聽證，大眾才得以發現硝製魚類在獲得授權之前，就已經有非法的使用。更糟的是，人們證實某些製造業者之所以取得硝製魚肉的授權，只是因為不必標出太短的食用期限（兩週）。FDA的內部文件揭示，就算該機關得知關於亞硝胺的警示不斷累積，卻始終沒有足夠的政治力量去抵抗商業利益。與其限制企業主遵循嚴格的製造方法，FDA首先選擇容忍錯誤，[37]接著又被迫予以合法化，並認定製造業者「並不太謹慎」或「不太懂得掌控」。[38]

在參議院調查之後，FDA重新在燻魚限制硝化添加物上展開努力。但一切已經太遲了。美國業者占了上風，反對這些禁令。這場戰爭持續了五年。一九七六年，《海洋漁業》（*Marine Fisheries*）期刊總結了公司的立場。業界拒絕以延長加熱時間來取代亞硝酸鹽，他們的動機可以用一句話道盡：「最慘的是，製造業者並沒有採行這種替代方法的設備；另外，在用這種方法產出的產品上，我們可以見到過熱所造成的損害。」[39]當FDA終於挺身面對，並要求符合規範的加熱時間時，業界則把政府機關告上法院。他們取得了勝利，律師們成功主張：依循FDA規範製造的魚肉加工品，可能會因長時間加熱，導致產品較不具吸引力，甚至於「以商業角度而言無法銷售」[40]。

就這樣，經過四十五年後，在美國，燻鮭魚依舊以亞硝酸鈉處理。美國燻魚（尤其是鰱魚與鮭魚）的愛好者們絕難逃離致癌物的魔掌，因為只剩下一小群製造業者不使用亞硝酸鹽生產。FDA再無法撤銷授權。由於被司法程序所癱瘓，這個美國衛生主管機關在一九七〇年代末期終告放棄，給予硝製業者無限商機。但這只是一場預演。真正的戰爭還未到來。這場十字軍的決定性戰役，不在硝製鮭魚，而在於肉品……。

第11章

警示與拒斥

一九六九年十月，美國農業部緊急召集豬肉製品業者，討論亞硝酸鹽與癌症相關的危機。首批公告預見了往後的問題：《醫學世界新聞》（*Medical world news*）報在一篇名為〈我們是否藉由亞硝酸鹽製造了自己食用的致癌物質？〉的文章中，引用了一位FDA科學主管的話：「事實上，根據過往經驗，並非真的必須使用亞硝酸鹽。只是到了今天，『加工肉品』的色澤變得非常重要。如果我們改變了玉米牛肉罐頭的外觀，人們會覺得連口味都改變了。」[1]使用硝製法的業者在「肉品包裝國度」（伊利諾州、威斯康辛州、德州等）以及畜牧工業集中地（特別是愛荷華州等地）的民選代表身上獲得強力的支持。拒絕使用硝製法，對包括豬肉製品工廠在內的整個產業都構成巨大的挑戰。幾家最大的機械畜牧企業每年產出十萬到二十五萬頭豬。[2]就算不計入這種特別巨大的產量，豬隻生產也已經高度機械化：產出每頭豬（從出生到宰殺）所需的人工計量不超過二小時。他們使用的技術稱為「禁閉」（*confinement*），用最快的速度，把從專門製造商（該產業領導者擁有二萬八千頭母豬）[3]那買來的小豬培養出最多肉量。以此方法取得的豬肉，可經由硝化添加物處理而獲得優良的產品，不至於顯出肉品的素質不良，特別是肌紅蛋白含量的問題。[4]

「我們非常明確地感到問題的嚴重性」

從一九七一年三月十六日到三十日，美國參議院召集了癌症學家與生物化學家。《華盛頓郵報》（*Washington Post*）題為〈肉品染色添加物與癌症有關〉的文章表示：「昨天在國會大廈，一位醫學研究者指出，超出相當比例的癌症或許源自於人們用於火腿、豬肉製品與燻魚上的化學製程，此製程能使產品呈現粉紅、紅色，或其他使人胃口大開的色澤。」[5]

大眾媒體接力傳播：〈為肉上妝的健康警報〉（《華盛頓日報》〔*Washington Daily News*〕）[6]、〈醃製肉品產生致癌物質〉（《晚星報》〔*Evening Star*〕）[7]……就像燻魚製造業者一樣，人們懷疑FDA與農業部不願冒犯豬肉製品業者。《紐約時報》（*New York Times*）報導了FDA毒物學主管瀟灑的回應：「我當然知道亞硝胺是致癌物質。但我們無時無刻不暴露在致癌物質之中。我戒了菸，但就跟大家一樣，還是相當喜歡培根與乾臘腸。」[8]

在業界這方，則發動了對抗癌症學家的戰爭：從業人士駁斥「為災難說情的人」，農業部也起身捍衛豬肉產業，譴責那些「由執迷於健康的人及其對食物的狂想，所發起的反對豬肉的攻擊性宣傳」[9]。在豬肉製品業核心的芝加哥地區，為公司服務的媒體將警告視為無稽，還提出充滿幻想的數字：根據《農人週報》（*Farmers Weekly*）期刊發表，一般體型的男性每天要攝取十一．三五噸的培根，才會產生致癌風險。「由於培根會在烹調過程中喪失七十%的體積，每個人每天要購買三十八噸的培根才行。」[10]《君子》（*Esquire*）雜誌則駁斥肉品包裝業者遊說團體散播的錯誤資訊：「為了消滅批評者，AMI發送不具任何真實基礎的傳單，像是：『要讓一位男性因為食用培根而產生一點風險（重點由原傳單畫定），必須讓他每天都吃下二十三噸的培根』。」[11]

在媒體與消費者組織的壓力下，農業部在一九七二年三月同意就亞硝酸鹽與亞硝胺問題召開專家會議。[12]但當這個委員會終於召開時，媒體卻發現與會人士多半是與製造業者合作的科學家，而農業部還委任一位最狂熱的硝製法支持者主持會議。[13]一位觀察員指出：「可以說，最初的問題方向已經被改變。原本是『如何降低亞硝酸鹽的危險？』，現在是『如何在降低亞硝酸鹽危險的同時不會讓業者太不開心？』」[14]業者永不休止地重覆說著，沒有任何證據可證明硝製豬肉製品能引發或有助於癌症生成。這都不確定、他們並不相信、什麼都尚未證明、這不可能、那不是真的……直到一位《華盛頓郵報》的記者終於在一九七五年十月取得一份證詞：「我們非常明確地感到問題的嚴重性」，豬肉製品鉅子Swift首席化學家與副總裁理查・葛林伯格（Richard Greenberg）醫師如此表示。[15]報紙說明：「豬肉製品業界最大型集團裡的一位主管，承認在烹調培根過程中會產生致癌物質，但他並不同意在問題解決之前先將培根下架。」[16]

在這段期間，對於豬肉製品中致癌化合物的研究不斷倍增。[17] Iarc自其首部專題報告開始（一九七二），就對N-亞硝基二甲胺展開攻擊。緊接著，它又評估了其他亞硝胺（一九七四年第二部專題報告），而後在一九七五年末召集了一場國際會議，討論N-亞硝基化合物。會中關於亞硝胺的研究相當全面：出現在煎培根與硝化豬肉製品在消化過程中產生的亞硝胺；在工業作坊中出現的亞硝胺（亞硝酸鈉同時也使用在橡膠與鋼鐵的硫化製程上）；由於啤酒花劣質處理過程而出現在啤酒中的亞硝胺；使得菸草煙霧具有毒性——但不是唯一來源——的亞硝胺（在吸菸時，乾菸草葉中的亞硝酸鹽會與胺產生作用）。[18]一九七七年，Iarc用了一整本新的專題報告處理N-亞硝基化合物的問題。[19]癌症學家威廉・李金斯基（William Linjinsky）說明，亞硝胺會在所有哺乳動物體內引發腫瘤，而且「它在少量、多次、長期使用下效果最為顯著」[20]。根據科學研究指出，它是效果最強的致癌物質之一。就算是美國農業部也無法再視而不見。

「更大的怪物」：肉毒桿菌稻草人

一九七七年，吉米．卡特總統任期內，任命了更為積極的行政官員，不管是在農業部或FDA皆然。根據專精於亞硝酸鹽與N-亞硝基化合物的癌症專家建議，他們希望能大量減少授權產量，且減少時每次都試著完全撤除。豬肉製品的染色過程，也只能由不具威脅性的替代物進行處理。若在細菌學上確有必要使用某種防腐劑時，硝酸鹽與亞硝酸鹽必須由不具致癌性的殺菌劑取代（乳酸或山梨酸）。這場巨大的豬肉製品業改革，引發了業界的憤怒反彈。

製造業者首先解釋，硝化添加物的存在對於豬肉製品的香氣不可或缺。AMI的科學家保證「刺激感官的原因，證成亞硝酸鹽使用最重要的理由，是其在口味上驚人的效果」[21]。他們提出許多研究，指出硝製香腸有更多香氣：在〇到九的評分之間，沒有亞硝酸鹽的香腸得到四分，而有亞硝酸鹽的香腸分數則位於五到六．二之間。[22]消費者協會反擊強調，業者大可用香料來調整香氣。代表環境保衛基金的律師阿妮塔．強森（Anita Johnson）強調，在口味上的優勢只是「無關緊要的論點，無法為業者讓消費者暴露在癌症風險中的作為辯護」[23]。

隨著致癌警示越來越明確，有種論點脫穎而出：藉由某種大膽的辯論轉移術，硝酸鹽與亞硝酸鹽又被放上檯面——不是作為某種危害，而是作為一種抵抗更恐怖的危機所不可或缺的保障。豬肉製品業者支持的論點是，禁止亞硝酸鈉會導致一場由肉毒桿菌中毒引發的大量傷亡。AMI科學部門主管解釋，肉毒桿菌的毒素極為強大，只要一杯量的毒素就可以讓整個星球的人口滅絕。[24]某個遊說團體的科學委員會主任提到：「如果在我們工廠裡，產生適於這種細菌孳生的條件，每個食用產出肉品的人都會因此死亡。」[25]在國會前作證時，遊說者論及在某些「較不發達的」國家，肉毒桿菌中毒仍在流行，特別是法國與西班牙。[26]一位遊說者說明，如果消費者買到沒有任何硝酸鹽或亞硝酸鹽處理過的豬肉製品，他就是在「與死神賭博」[27]。帶著這種詭論，他認為就算是使用無害染色劑的製造業者，都是甘冒風險，讓豬肉製品變成肉食者的死亡陷阱：「一個香氣撲鼻、美味可口又色澤鮮明的死亡陷阱。」[28]就算是最保守的估計都使人背脊發涼：一份田納西州的報紙引用由遊說團體製作的警告，聲明在「禁止亞硝酸鹽時，或許我們得以避免每年二千人因癌症而死亡，但卻可能冒著一萬人死於食物中毒的風險」[29]。

前車之鑑：亞硫酸鹽與「病菌」們

自從「肉毒桿菌論點」被產業炮製出來後，就引起了強烈的疑慮。因為製造業者們曾經對其他產品使用類似的正當化理由，特別是亞硫酸鈉。就像硝化添加物，亞硫酸鹽會與血紅蛋白作用，導致某種「綻放」（bloom，即產生濃烈而持久的色澤），讓香腸與絞肉排能在貨架上長期置放而不會變色。[30]一九〇四年，主掌Preservaline公司（後來成為亞硝酸鈉先驅者）的化學家說明，「亞硫酸鈉對肉品最值得注意的作用，是能夠產生出某種鮮豔的紅色……若有亞硝酸鹽，肉品會呈現『寶石紅』，若是亞硫酸鹽，則會呈現『猩紅色』」[31]。這兩種化學作用是基於類似的化學原理：就亞硝酸鹽而言，顯色的原因是氮化氧氣體固定於血紅蛋白之上；就亞硫酸鹽而言，作用的則是硫化氧。[32]在此同時，另一家亞硫酸鹽製造業者Heller公司（同樣地，也將成為亞硝酸鹽的領導者之一）推出亞硫酸鹽產品Freezem，宣稱「當肉品有著美麗的光采，連胃都要流口水。就得如此才能直探顧客皮包……Heller的原料讓您的產品看來美味，馬上就能引誘目光。銷售者只要將它撒上肉品，就能自動吸引顧客，刺激胃口」[33]。

但從一九〇四年起，美國政府就希望能在漢堡肉與熱狗腸上禁止使用亞硫酸鹽製法，而添加物販賣商就曾假裝亞硫酸鹽並非用來染色，而是在保護肉品上不可或缺。某些製造業者甚至資助許多「科學」研究，顯示若停用亞硫酸鹽，就會導致疾病大流行，特別是在最脆弱的人們身上：兒童、老人與病人等。[34]而當衛生主管機關採取壓制措施時，Preservaline公司也對行政單位展開司法攻勢，主張亞硫酸鹽處理與染色無關，而是一種殺菌措施。[35]

公權力總是必須對亞硫酸鹽的用戶定期進行掃蕩。[36]消費者也會收到警告：「別讓自己被色澤欺騙，因為無論法律如何，『總有時候』會出現某些肉品，含有從藥行買來的人工色素。」[37]不過就在亞硝酸鹽事件前幾年，還發生過多件關於亞硫酸鹽的醜聞而引發議論，得要威脅將詐欺者送入大牢，亞硫酸製法才真正被棄而不用。[38]違犯們每次都主張他們尋求的並不是亞硫酸鹽的染色作用，而是覺得自己有義務使用亞硫酸鹽以保護消費者「抵抗細菌」[39]。

奇怪的時機，可疑的專家

基於當時關於亞硫酸鹽的詐欺事件，要求禁用亞硝酸鹽的美國醫師在一九七〇年代初期便提到：「沒有人懷疑亞硝酸鹽『能夠』阻止細菌孳生。但真正的問題，卻是了解到是否真的『需要』將它加入燻魚與商業豬肉製品裡。」[40]從首次調查開始，國會議員們的結論就認為，必須嚴肅地質疑業界提出的論點有效性。化學殺菌劑的使用，毫無疑問地能合理地用在某些「有風險」的、製造業者無法遵循衛生規範的產品上，但對其他產品而言並不必然。一九七二年，以〈用以避免肉毒桿菌的亞硝酸鹽：可議的必要性〉為題，某個國會委員會指出：「任務組的調查卻沒有找出有說服力的證據指出亞硝酸鹽不可或缺，只有在某些特殊的案例中，例如盒裝火腿。」[41]一份國會報告驚訝於儘管美國已有相當的科技能力，產業竟還是主張根本無法想像「可保護公眾免於肉毒桿菌，又不需倚賴這些有問題的化學防腐劑的加工、包裝與消毒方法」[42]。同一年，紐約議員強納森．賓漢（Jonathan Bingham）已經指出「在我們的國家，某些製造業者使用了更有保障的添加物以避免肉毒桿菌中毒」[43]。幾年後，《新聞週刊》（*Newsweek*）的「科學」版面確認了事實上早有防腐劑可供替換。[44]

癌症學家、媒體與消費者組織對「時機」也感到訝異。「肉毒桿菌」論點在非常晚近才出現——正值人們認定硝製肉品的致癌效果之際。一九七六年末，《華盛頓郵報》指出：「肉品工業裝作亞硝酸鈉對於免除肉毒桿菌在攝入時能致命的孢子極為重要。但這個看法是最近才出現的。肉品工業只有在每次對亞硝酸鹽安全性顧慮出現時才退守到這個論點上。在此之前，業界表達的主要理由，總是因為它可以賦予肉品特殊的香氣與鮮紅色澤。」[45]另一位記者提到：「只有在一九六〇年代期間，FDA才開始重新授權使用亞硝酸鹽，作為消除肉毒桿菌之用。而要到最近十年，在消費者攻擊其作為染色劑的用途時，業界才開始說使用硝製『最主要』的理由是避免肉毒桿菌中毒。」[46]

不管在哪尋找，法國、德國、英國還是美國，硝化添加物「不可或缺的抗肉毒桿菌功效」假說在一九五〇年代之前都從未被提及——既沒有出現在肉品科學的相關論文裡，也沒有出現在法規或技術文件上。但並非全然沒有，因為硝化添加物早就是無數出版品的主題，展示出它對業界的好處：立即形成誘人持久的色澤、染色效果的均質與穩定性、立即產生出「豬肉製品味」、解決工廠內不時出現的衛生問題、簡化製造與運送條件、延長上市期間等。對發明家而言也是一樣。許多基於硝化添加物的專利從未提及肉毒桿菌、不管是明講或是暗示。[47]

在法國所保存的檔案裡也是如此：關於硝化添加物的辯論裡，肉毒桿菌的問題一直到一九七〇年代之前都並不存在，甚至在一九六四年六月醫藥學院同意硝製法使用的報告裡都沒出現，[48]在一九六三年六月，由豬肉製品業者寄給農業部要求授權使用亞硝化鹽的信函裡也不見蹤影。[49]一九六二年由法國豬肉製品聯盟出版，作為法國年輕從業者教科書的《豬肉製品學徒手冊》（*Manuel de l'apprenti charcutier*），清清楚楚地指出硝化添加物並「不必要」[50]，硝化處理只是「可用選項」[51]，只有在製造業者想「讓肉品產生美麗的粉紅色澤，引人胃口大開，使得豬肉製品業者總在研究如何用於火腿和所有醃製肉品上」[52]時才不可或缺。

簡單地說，在致癌問題出現前，人們從來不會提到硝化添加物有什麼不可或缺性。在法國，就跟在美國一樣，「肉毒桿菌」論證是天外飛來的一筆，就像魔術師帽中跳出來的兔子，等到這些添加物開始疑似會引發癌症時才出現。[53]它需要被證明不是一個趁機被召喚出來的理由，只是業界始終沒有提出足以解決這個謎題的解釋……。

一九七〇年代，這場詭異的硝化添加物「轉向」頗令人尋味，因為所謂可避免肉毒桿菌中毒的**不可或缺性**或**不可取代性**，都出自於與業界有利益關係的科學家筆下。首位堅持亞硝酸鹽具「抗肉毒桿菌功能」的論文作者麥可・佛斯特（Michael Foster）[54]被發現是某個「食品保護委員會」的負責人。這個委員會因其與業界的利益關係而被嚴厲抨擊。[55]他掌管一間位於麥迪遜（威斯康辛州）的研究中心，鄰近著豬肉製品業界巨人Oscar Mayer。硝製豬肉製品的致癌問題浮現之際，整個麥迪遜市的繁榮似乎都倚賴這家公司的巨大硝製香腸工廠，它同時是美國最大的熱狗與片裝硝製豬肉製品的生產者，以及當地最大的私人雇主。[56]威斯康辛州是美國最多豬肉製品業的集中地。緊鄰著Oscar Mayer工廠的麥迪遜大學，（直到今天都）扮演著捍衛硝製豬肉製品的重要角色。多年來，不成比例的「亞硝酸鹽必要性」文章，都出自於幾個倚賴豬肉製品業者財務支持的實驗室。在致癌問題上也有同樣的偏向：自從一九七〇年代起，光是麥迪遜的一個小研究群組，就產出了數量可觀的文件，不斷質疑硝製肉品是否真有致癌性。

第12章

「沒有替代方案」的謊言

自從一九七〇年代起，美國觀察家們就知道，所謂「生產豬肉製品時不可能不用硝酸鹽與亞硝酸鹽」，不過是亞硝酸鹽使用者掩蓋真相的說法。因為就算在美國，也可以找到完全不使用硝化添加物的數十家中小型生產商——而他們的產品不曾導致任何肉毒桿菌中毒事件。從一九七〇年代初期起，不使用硝化添加物的豬肉製品技術就已經發展出來，而肉品科學家們也強調，不倚賴致癌添加物來製造安全無虞的豬肉製品是可能的。[1]消費者組織認為，經過一段適應期之後，不含亞硝酸鹽的豬肉製品也可能像現在大眾慣見的產品一樣受到歡迎。的確，無硝化物的產品不會有同樣的色澤，保存期間較短，製造也需更謹慎、更多時間——但這些讓步相當合理，因為只要這樣就能免去一個致癌因素。

對「豬肉製品」之名的霸占

一九七〇年代末期，一篇美國農業部的內部報告列出了不倚賴硝化添加物的製造業者。當時，採用硝化物的業者對行政單位施加壓力，不讓這些產品使用慣有的名字販賣（「培根」、「法蘭克福香腸」等）。部內專家的報告裡寫道：「今天，約有三十四家廠商銷售無硝酸鹽或亞硝酸鹽的豬肉製品，共有一百六十八項不同的產品。多數都是香腸／臘腸。由於它們不能使用慣有名號販賣，消費者常忽略它們的存在，或不了解那其實是同一種產品。這個認定的問題減緩了市場的發展。」[2]

亞特蘭大疾病管制中心已公開表示，這些產品並未引發任何肉毒桿菌中毒案例。[3]因而，一九七七年九月，《華盛頓郵報》對於產業巨人們咬定只要沒有致癌添加物就不可能進行作業一事感到驚訝：「無論如何，這些年來，其實許多小型製造業者都不使用亞硝酸鹽來製作產品，他們使用其他方法來避免肉毒桿菌孢子的形成。」[4]同樣地，《華爾街日報》指出，「沒有亞硝酸鹽的豬肉製品已經存在好一段時間了」，並點出這些產品越來越受歡迎——甚至連Safeway超市（譯註：美國知名大型連鎖超市）都開始鋪貨。報紙也表明了阻礙其發展的元素：「農業部迫使他們使用討人厭的名字：『熟牛肉香腸』取代了熱狗，『無鹽香腸』取代了臘腸。」[5]

硝製法用戶遊說團體便是如此持續地阻礙無亞硝酸鹽的豬肉製品上市，導致這些沒有經過「處理」的產品反而變得不合法似的。消費者協會則列出將這些產品上架的店家。西岸的民眾們發現，例如在舊金山，製造商James Allen & Sons從一九七一年以來就投身於無添加物香腸的市場。一位肉品科學家說明：「這些未處理過的法蘭克福香腸有著灰暗的色澤。在製作時，業者使用更高的溫度，衛生規矩極為嚴格，也能立即將產品打包。」[6]這些法蘭克福香腸在二十六個商家上架。《紐約時報》也報導了在曼哈頓販售不含亞硝酸鹽香腸、pepperoni臘腸（披薩使用的辣味臘腸）的店家。[7]某些通路商提供冷凍豬肉製品，藉此在沒有添加物的狀態下，獲取更長的保存期間。

在某些城市，已經有食堂全面採用不含亞硝酸鹽的熱狗腸。負責人們雀躍地宣布：「過去一整年，我們用的都是不含亞硝酸鹽的熱狗，獲得良好成效。孩子們都非常喜愛。根據我們的觀察，較為灰暗的色澤從來不是個問題。我們向孩子們解釋這個措施，他們也完全能夠接受。」[8]《商業週刊》（*Business Week*）雜誌描寫一家在十一家分店中提供不含亞硝酸鹽熱狗的連鎖雜貨店，文章結束於對一家阿肯色州製造商的介紹，他們生產不含亞硝酸鹽的豬肉製品超過十年，並行銷全美；作為公司領導者的豬肉製品師傅華倫·克勞（Warren Clough）宣布：「這簡單到沒人會相信！」[9]《君子》雜誌刊出了題為〈豬肉師傅的反叛〉的文章，描繪另一位生產時不使用硝化添加物的製造商身影，這位愛荷華州的企業家表示，自從他採用不靠亞硝酸鹽生產培根的程序後，某些同行便不斷攻擊他，指控他「靠對癌症的恐懼賺錢」[10]。許多行政程序一再地阻礙他以「培根」之名販售商品，而多數不使用亞硝酸鹽的製造商，也都能見到擋在面前的各種行政障礙。《華爾街日報》描寫了另一位田納西州的製造業者，他的產品也是不含亞硝酸鹽的培根，但官方機構的審查員表示他無權稱其產品為「培根」。受此打擊，他最後還是放棄了這條路。[11]

美國行政機關最後終於承認，這場針對「不含亞硝酸鹽」的持久戰爭與公眾利益相悖，並且實際上是在食品安全上濫用法條，圖利亞硝酸鹽使用者。在參議院委員會裡，副國務卿卡蘿．福爾曼（Carol Foreman）在一九七八年表示：「我發現這相當不可思議：我們阻礙這些產品上市，不顧其安全已被證實，亦符合公眾需求。聯邦法規並非因此制定。法規精神沒有受到遵循，我們必須予以解決。」[12]在等到農業部停止保護硝製業者前，公民大眾（Public Citizen）協會的律師憤而起義：「我了解業界對農業部攔阻不含亞硝酸鹽豬肉製品生產商的銷售一事應該很開心。如果該部轉而嘗試消除豬肉製品中的亞硝酸鹽，到時候，高興的就會是消費者了。」[13]而當農業部在一九七九年九月二十日終止法規限制時，亞硝酸鹽的倡導者要求，不得將製造過程中無亞硝酸鹽的產品稱為「熱狗」——他們提議可稱之為「冷狗」（cold dog）[14]，而後又將政府告上法院。[15]

無中毒疑慮的證明

自一九七〇年代以來，除了數十家無硝化添加物的製造商之外，美國人在記憶中還留著醃製的傳統，那也是在農場中流傳久遠的做法。某些「農人」使用了硝化添加物，主要是由於製造的迅速以及作業的極端簡化。但許多美國農人完全不使用，他們繼續採用傳統製造規範：衛生、溫控、食鹽醃製。[16]在人們開始分析出硝製豬肉製品致癌性的前幾年，美國農業部就已經針對傳統醃製技術進行了一項調查。調查結果在一九五一年以詳細的統計數字發表：除了交給豬肉製品產業的數字以外，美國農人當時每年還會宰殺一千二百萬到一千五百萬頭豬，生肉量達到九十萬噸。一部分是作為「鮮肉」消費，但主要會經加工做成豬肉製品。[17]這個調查分出三個團體：四十一%的農人只使用食鹽（「優質粗粒鹽或廚房用鹽」）、二十六%會使用市售混劑（食鹽+亞硝酸鹽或食鹽+硝酸鹽），而二十二%則會使用自己製作的混劑，其中有一半會混入硝化物產品。其他的沒有固定做法或無回應。[18]該部會的報告強調，總計而言，少於一半的美國農人會採用硝化添加物。農人的豬肉製品年產量總計超過七十萬噸，二千到三千萬只火腿，可用於數千萬份餐點。而且，無論有沒有硝化添加物，都「不曾產生任何一例肉毒桿菌中毒」。在各地，就算在牧場裡，只要遵循衛生規則與慣用製造方法，就能確保微生物層次上的安全性。

在其一九七一年的官方聽證會上，農業部代表在宣誓後作證指出，過去二十年來，他的機關不曾查知「任何一例」肉毒桿菌中毒事件，是源於加工時不含硝酸鹽與亞硝酸鹽的豬肉製品的。[19]更重要的是，在官方機制下，某個國會委員會要求提交一份取材自衛生部的全面性數據資料，詳細描述從一九五〇年到一九六三年美國的肉毒桿菌中毒案例。[20]這份資料涵蓋了美國領土內全部的食品生產，無論是工廠製品、農夫產品與家庭自製品等。在該部會所研究的這段期間，列出超過一百五十次的「肉毒桿菌中毒事件」。什麼都在裡面了，要知道，這包括因為保存不良的馬鈴薯、未煮熟的橄欖、罐頭沒封緊的豆子，乃至蘑菇、甜菜、菠菜、豌豆、甜椒、玉米、龍家、雞肉派、燻製不良的鮭魚、製造不良的魚罐頭等所引發的肉毒桿菌中毒。國會議員們驚訝地發現，只有一個事件與豬肉加工品有關，是一塊醃漬液密封不完全的瓶封豬腳。在總表涉及的十三年間，沒有任何一件肉毒桿菌中毒的例子與火腿、培根、臘腸、沙拉米臘腸、香腸或其他任何豬肉製品有關。在美國加工生產的數億噸豬肉製品裡，無論有沒有硝化添加物，都不曾引發任何一件案例。[21]這更能證明，那些遊說團體的代表們，在宣稱只要不使用硝化添加物就不可能做出安全無虞的豬肉製品時，說的並不是真話。所謂「不可避免的肉毒桿菌中毒」，只不過是個用來嚇唬人的妖怪「Bogeyman」（法文為Croquemitaine，字典的定義如下：「是種恐怖的想像，古時用來嚇唬孩子，讓他們聽話。」）。

為工廠消毒？還是為火腿消毒？

事實上，在一九七〇年代，業界怕的並不是肉毒桿菌中毒，而是別的細菌，統稱為「腐敗菌」，會在維護不良的工廠裡孳生，可能會引起重大的經濟損失（參見本書第三章中「硝石，肉品包裝業的DNA」一節）。而癌症專家威廉．李金斯基注意到，某些不使用硝化品的豬肉製品業者在微生物方面仍能保持極佳的安全度，他在一九七七年一月自問：「大型豬肉製品業不喜歡這樣，他們說這些產品不安全。這是否表示，在他們那裡，使用亞硝酸鹽是為了掩飾維護上的缺陷？」[22]一九七八年在參議院的一位證人，也是亞硝酸鹽用戶的主要盟友之一，解釋道儘管香腸業者使用的肉塊中「微生物質素有時可能有些不穩定」，但這種殺菌劑能保證產品的安全。[23]而癌症學家保羅．紐貝爾（Paul Newberne）走得更遠：「他們可能有非常不乾淨的工廠，他們可能會在消毒與特殊設備上偷斤減兩，因為亞硝酸鹽是種極佳的殺菌劑。」[24]

一九六〇年代末期，官方對豬肉製品製造商進行調查，發現某些肉品包裝廠的衛生不佳。一九六七年夏天，美國國會議員傳喚了獸醫、衛生稽查員與業界專業人士。[25]四分之一的美國豬肉製品生產逃過了聯邦衛生檢查，而突擊性的獸醫調查則記錄下每種變質的產品與不可用的肉品：那些「4D肉品」在抵達屠宰場時就已經「死亡、瀕死、染病或殘障」（dead, dying, diseased, disabled）[26]。稽查員描述了充滿穢物的工坊：工作桌的木料腐壞，環境從未清理，髒水從樓上流下，肉品遭蒼蠅與排泄物汙染，化學殺菌劑取代了香腸工坊裡最簡單、最基本的衛生規範。[27]我們能讀到像以下這樣對某間威斯康辛州密爾瓦基香腸工廠的描述：「在出廠室裡，腐壞的天花板碎屑掉到產品上。我們找到分解碎裂的小石膏片，就掉在肉上。金屬工具都生鏽氧化。男廁沒有洗手台。我們觀察到男性僱員走出廁所，直接走到工作桌旁，沒洗過手就處理肉品。接觸到肉品的機器都充滿髒汙與進入分解狀態的肉屑。衛生情況普遍極為可悲。」[28]幾乎在每篇報告裡，我們都能看到這樣的文字：「有害化學產品的使用肆無忌憚而毫無監管，例如亞硝酸鈉與硝酸鉀等。」[29]人們使用其中一種來「確保產品安全」，有時也用來掩蓋肉品已經開始的腐敗狀態。[30]一九六七年，媒體已經開始對豬肉製品產業遊說的無遠弗屆，乃至可阻礙國會立法禁止濫用化學產品等事感到憤怒。[31]

大企業、大騙子

在一九六〇年代，衛生稽查員的報告表明，只要對固執的業者進行稽查，仍然可望消除不衛生的措施。[32]然而，在一九七〇年代末期，業界遊說團體幾乎眾口一聲地拒絕排除染色—殺菌劑的使用，就算是配備有高效能冷藏設備系統的工廠裡也一樣。在這個極為集中性的產業裡，幾乎有五分之四的產量都來自於壟斷的賣方，出自一小撮超大型公司：Wilson、Swift、Morell、Armour、Hormel、Oscar Mayer。[33]對這些龐大巨人而言，不再使用硝製法，代表著複雜的更動手續、高昂的投資，以及在控制下被迫改變。一九七九年，在尋求豬肉製品業者遊說團體拒絕讓產品免於具致癌性的原因時，生物化學家羅斯・霍爾（Ross Hall）氣憤地結論道：「這所有手段都是為了避免某種精心煉成的製造與運輸形式被妨礙。」[34]弔詭地，正是這些持有最先進技術的公司，最願意為了維持現狀而說謊。是它們召喚出肉毒桿菌中毒的假議題，將其塑造成某種不可超越的障礙。

媒體多次質疑硝製產業的代表：某些製造商能做到的，為什麼其他人做不到？在農業部召開的專家會議公開場次裡，醫師與消費者協會向製造商施壓，要求採用較不危險的方法。他們強調，只需藉由嚴格的衛生規範，某些工廠就可完全停用亞硝酸鹽。[35]

業者回應表示，「沒有任何證據」證明不含亞硝酸鹽的香腸是安全的——但同時也承認不曾發生過「任何一件」肉毒桿菌中毒事件。[36]非政府組織公共利益科學中心CSPI的主任，生物學家麥克．傑可森（Michael Jacobson）在一九七五年的會議上，描述一位鄰近的豬肉製品業者：「他生產不含硝化添加物的培根與火腿，做法完全承襲自其父親，只使用鹽與胡椒。確實，他的製程比Oscar Mayer要花更多時間。這只是個小企業，但民眾會購買他的產品，比起超市的培根貴上頂多一分錢。」[37]業者並無回應。另一次，傑可森提醒業者可以使用不具致癌性的防腐劑為產品消毒，或只要將其冷凍即可。但這只是對牛彈琴。在官方摘要裡，Swift公司首席科學家回應表示，「不可否認，有其他方法也能達成相當的安全性」，但「這樣一來產品就會『有所不同』，不再是『法蘭克福香腸』或『肉泥』」[38]。他說明，產品將不會再有同樣的色澤，製造商也必須採用更高的溫度。葛林伯格醫師揭露了為什麼Swift愛用硝化產品甚於烹煮：這些產品較難吸引消費者，因為人們已經習慣硝製產品的質地與外觀。專家會議的報告中寫道：「葛林伯格醫師指出，使用熱度摧毀肉毒桿菌時，所生產的產品在外觀、口味與成分上都會與現今產品有所不同，因為熱力會更進一步分解這些物質。」[39]

輪到《華盛頓郵報》記者時，她點名了會議成員，詢問為什麼不檢視那些不使用硝化添加物的製造商所採用的技術。專家委員會主席的卡夫卡式回應是：「不含硝化添加物的豬肉製品遠遠不如含有的產品量多。因此，本會議必須更聚焦在使用亞硝酸鹽的製造商身上，以降低它們製程的危險。」[40]傑可森醫師斥責這種捉迷藏的遊戲。比起探討讓不含亞硝酸鈉產品的製程更加可行，專家們的出發點反倒是：不可能消除添加物，因為它作為染色劑不可或缺。與其誠懇地尋求解決之道，他們把所有精力都投注在讓硝製法更具正當性的論點上。[41]傑可森在參議院法案中重拾這樣的宣告：「目標應是將亞硝酸鈉的暴露程度降到最低」，然而，「將目光緊緊扣住獲利的業界，卻嘗試欺騙公眾，讓大家相信沒有任何替代方案」[42]。

第13章 狼煙四起：硝製豬肉業者與健康的對決

一九七七年，美國農業部與衛生部要求司法部進行法律分析：如果硝化添加物會引發癌症，衛生主管機關依法是否必須予以禁止，不論業界是否認定它能用來防衛肉毒桿菌？該部會的審查人回應表示，法律容許食品含有殺蟲劑、抗黴劑與農藥等殘留，但如果有其他製造安全食品的方法，會特別禁止食品製造商使用有毒或致癌的添加物。司法部的報告強調，肉毒桿菌中毒並非豬肉製品本身固有的風險，而是基於某些業者選擇採行不適宜的技術。[1]

拯救粉紅色肉品

一九七七年十月，FDA與農業部對業者發出最後規範通牒：在三個月之內，必須證明硝酸鹽與亞硝酸鹽的無害性，從培根開始，接著是所有其他的豬肉製品。[2]若無滿意的回答，這些添加物就必須在三十六個月內由不具致癌性的方法取代。這類添加物將只能以例外個案來處理授權事宜，也只能用於生產時無法滿足衛生規範的產品之上。禁令會分階段進行：政府提議在三年內逐步消除，讓業者有時間適應新的製程與機器，也讓消費者能漸漸習慣沒有染色效果的產品，最終讓整個相關產業有時間採行新的措施。

利用燻魚硝製業者用過的同一戰術，遊說團體將辯論置於純粹的司法與經濟層次上。AMI於一九七八年四月的正式回應裡，幾乎逐字抄錄了硝製鮭魚業者成功用以取消反亞硝酸鹽措施的論點。AMI說明，倘若禁止硝製法，政府便是迫使所有製造商遵循製造規範，違反競業規則，損害競爭力。AMI指出：「強硬施加只適用於特定製造商或某些機器的製程，很容易產生反競爭的效果。小型製造商也可能深受其害。」[3]

在國會裡，「肉品包裝州」的民意代表們預言著美國農業的衰敗。他們表示，六十五％到七十％的美國豬肉產品接受硝製處理，這些添加物變得非常重要，不准使用將導致整個產業的崩潰。[4]遊說團體表示，改革是不可能的，「設備不適用於其他使用方式，至少不是一蹴可及」[5]；「想要禁用亞硝酸鹽的人們要求我們拒用流傳了二十個世紀的產品。要予以取代，補償失去的色澤與口味，他們說可以採用其他添加物。但為什麼要離開一個運作良好的系統而去冒險呢？」[6]AMI的總裁理查．林格（Richard Lyng）

不斷用同樣的訊息跳針：「豬肉製品是靠亞硝酸鹽才有了它們的色澤與氣味。那是豬肉製品的本質。就像我常說的：亞硝酸鹽之於豬肉製品，就像是發粉之於麵包。」[7]

一九七八年九月，在國會，一位捍衛肉品包裝業者的議員攻擊某位政府代表：「您是否考慮過這對經濟造成的震盪？這麼多人已經投下數以億萬計的美金購買製造用的機器，倚賴這些添加物才得以運行——接著是冷藏系統、銷售材料等，簡單講就是一切有關的組件。而在五十年的使用後，基於不可信任的實驗，您就突然要他們全部喊停，必須採用全新的技術，打消所有的投資？」[8]

產業恐將崩盤？

AMI總裁理查·林格提著武器上陣。在麥迪遜大學，與Oscar Mayer公司有關聯的研究者們全部站上前線捍衛硝製熱狗與培根，否認致癌風險，膨脹肉毒桿菌的威脅，重寫豬肉製品的歷史，企圖宣稱從未有過不用硝化添加物的豬肉製品技術；他們生產出各種認為只要豬肉製品不經硝製，消費者就不可能食用的研究，原因是「由亞硝酸鹽而來（在色澤與口味上）的裝扮效果能取悅消費者，也已經實實在在地銘刻在他們的購買行為之中」[9]。與產業有關聯的愛荷華州組織農業科學與技術理事會Cast，出版了一本關於豬肉製品改革結果的報告。[10]《紐約時報》則不甘示弱，揭露Cast的總部就在玉米豬肉地帶的核心，這塊巨大土地上的繁榮都多虧了豬肉產業。Cast的報告由七位支持硝製法的專家受委託撰寫，是一場巨大媒體宣傳的一部分。在期間，遊說團體謹慎地將Cast呈現為一群中立而不涉利益的專家，只為公眾福利而工作。Cast認定，只要豬肉製品「色澤灰暗」，大眾就不會再購買。四處人們惶恐不安，美國人再也不知道該吃什麼了！

還有更嚴重的：產業遊說團體指出，若人們強行扭轉微觀經濟的模式，可以預見的是一連串真正的末日到來，因為培根及其十五億美金的市場將就此消失。威斯康辛州的科學家—遊說代表總結道：「拋棄亞硝酸鹽的財務後果非常巨大，影響所及不止於肉品包裝業，還有養殖工人，以及所有相關產業。豬肉生產者不再能出口某些部位的肉品。作為反應，也會對玉米市場造成影響……。」[11]不再有人購買豬肉製品，於是也不再有人購買豬隻……畜牧場的大規模破產……無法售出的家畜在路邊不斷堆高。家畜食料的市價應聲崩盤。精液製造商可能也會破產，獸醫產業持續不穩。接著是玉米、接著是皮件——失業的鞋匠馬上就要加入即將拋棄自家牧場的家庭一起流浪……整個地區都會衰退。政府真的決定要啟動這種毀滅性事件嗎？事實上，Cast的預測相當虛幻，就算是業內的經濟學家都預計在禁用亞硝酸鹽後，產業會在一段調整期之後找回平衡。[12]

所有這些論點，看來都是為了模糊致癌的危害。Cast的專家認定，禁用硝化添加物會引發巨大的豬肉產量下跌，導致從屠宰場送出的產品再也無法供給醫藥使用：「藥劑產業將會失去一個重要的藥物來源，例如開給糖尿病用的胰島素，或關節炎用的皮質酮等。」[13]在其大學報紙上，Cast的負責人另外加上肝素（用於預防血栓）以及甲狀腺素（用於治療甲狀腺疾病）。[14]「Cast宣稱所有的培根生產都會停止，五花肉再也無法出口；產業會損失十五億美金的市場。若加入醫藥副產品的損失與對業內的衝擊，估計損失總額可能高達數十億美金。」[15]

一片美國味

根據業者所說，政府預告的禁用計畫可能還會有更嚴重的後果。災難不會自限於健康問題（肉毒桿菌流行、藥品消失），也不僅在經濟上（美國農業的破產）。聽聽捍衛亞硝酸鹽的人們怎麼說：美國「認同」將受到攻擊——它的美食、它的文化遺產等。人們想要滅絕硝製熱狗腸這種國寶：在癌症的陰影下，政府想要刺殺熱狗，以及所有粉紅色的豬肉製品。Cast的專家們觸動了人們認同的神經。他們說起帶來鹽醃牛肉（corned-beef）的愛爾蘭人、世代傳承的義大利人和他們的沙拉米臘腸、中歐猶太人有pastrami與「熟食舖」（相當美國式的清真雜貨店）。Cast的專家們這麼說著，還一再重複：鹽醃牛肉罐頭、沙拉米臘腸、pastrami、香腸、熟火腿、熟食店，簡單講，這些全都會**消失**。過了明天，「這些會被清除掉」（it will be wiped out）。[16]亞硝酸鹽捍衛者們成篇累牘地宣稱，所有這些產品都不能不靠硝酸鹽或亞硝酸鹽來製作。[17]片裝豬肉製品：有罪。火腿：禁用。法蘭克福香腸與其他所有熱狗腸：都忘掉吧。

當他們被推回自己的陣地，必須承認事實上完全有辦法不用硝化添加物，就能製造出安全無虞的豬肉製品時，業者們就說，這些產品無法取悅大眾，因為做法必然會改變。因此，有位遊說團體成員就宣稱「傳統在地的」工業豬肉製品已死，因為燻製沙拉米臘腸再也不能使用亞硝酸鹽製作：「這些產品呈現灰褐色，帶有酸味，沒有肉味，很難切片，中心是綠色的，幾乎沒有保存期限可言。當然了，它們沒有毒性，可以說安全無虞也沒有造假。但誰會吃它？結果就是，禁用亞硝酸鹽終會徹底消滅某些在地產品，讓它們從市場上消失……也就是說，將會剝奪消費者理當要有的，品嚐一片美國文化的權利。」[18]

事情接踵而來，「一份硝製加工豬肉片」變成了「一片美國文化」（a slice of Americana）。在委員會上，一位參議員在Cast宣稱愛爾蘭裔美國人著名料理鹽醃牛肉將消失時感到驚慌，Cast負責人的調性轉為充滿戲劇性：「是的，我對此有著無盡的悔恨。鹽醃牛肉自此不再。這就是我們所說的，這就是『鹽醃牛肉三明治之死』。」[19]他一再重複，不斷堅持：「再也沒有鹽醃牛肉了，」接著，他悄悄地加上：「……至少不會有我們熟悉的那種。」

事實上，從美國立國以來，麻薩諸塞州的豬肉製品匠師就會製作真正的鹽醃牛肉，既無硝酸鹽也無亞硝酸鹽，比起硝製產業的鹽醃牛肉色澤較為灰暗。今天，我們還是可以在波士頓找到製作這種「灰色鹽醃牛肉」的肉品加工業者。[20]這種產品受到識者的喜愛，製造過程中需要加工業者付出更多精力，因為必須遵循嚴格的衛生規範，也必須烹煮更長的時間。另外，在南愛爾蘭的大部分超市裡，也能找到silverside或topside等牛臀肉，不含硝酸鹽或亞硝酸鹽，色澤偏向灰褐。

無論如何，在參議員們面前，一位全國豬肉生產理事會的主任前來說明事情只剩下兩種可能性：豬肉必須以亞硝酸鹽加工，不然就必須以鮮肉出售，沒有其他選項。他解釋，禁用亞硝酸鹽會在北美引致巨大的能源消耗增量；如果政府想要禁用硝製法，首先必須建造全新的核能電廠。[21]在宣誓證詞裡，遊說團體及其科學家盟友們對議員保證，不用亞硝酸鹽生產豬肉製品絕無可能。他們重寫了硝化添加物的歷史：作為加速劑與染色劑的功能完全消失，取而代之的是被視為某種不可替代的健康防治措施。受僱於**肉品包裝業**的歷史學家們提出大膽的假設，做出人類已使用硝酸鹽與亞硝酸鹽「凡五千年」或「凡二千年」的宣稱——不是為了染色，而是「為了避免肉毒桿菌中毒」。根據遊說團體，證據就是「肉毒桿菌」（botulinum）的字源來自拉丁文的botulus，由此可知羅馬人已經知道這種疫病，並因此用硝石來製造火腿。事實是，傳統製法就能阻礙肉毒桿菌孳生，這個字也不是羅馬人的發明，而是出自十九世紀中期德國與比利時醫師的筆下。[22]遵循當時的科學慣例，他們使用了拉丁語言，就像是桿菌的學名bacillum（一八四二）來自於拉丁文，或細菌的學名bacteria（一八三八）來自於希臘文一樣。

一位參議員傳喚了農業部代表：「如果去除亞硝酸鹽，培根與其他我們今天熟知的產品是否真的全都會消失？」這位國家政務官表示：「這是很特別的論點。這種說法會削弱業界的可信度。為什麼要採用立基不穩的論點，而不採用穩固的呢？不含亞硝酸鹽的產品早已存在。他們成功地吸引群眾，因為消費者想要更多。這證明了製造令人滿意的產品是可能的。」[23]

致癌豬肉製品是「可接受的風險」

面對固執的政府，遊說團體開始對想「強迫人們改變購物習慣、付出不必要的費用、吞下色澤口味都不喜歡的食物」的「自由破壞者」宣戰。[24]一名Cast的合作者提出要「驅走眼前這個恐懼的惡魔」[25]。根據他提出的數據，一個人要食用六百年的硝製熱狗，才會真的產生致癌危險。他說，美國人死於車禍的比率是五千分之一，並問道：「消費者可以毫無疑慮地接受汽車，為什麼不能接受硝製的香腸與培根？」[26]無獨有偶地，一位業者說明每年有五萬名美國人死於車禍，八千人死於溺水，「我們還是繼續開車，繼續游泳。我們接受這些活動的風險」[27]。業界質疑為什麼這個邏輯不能在提及食品添加物時使用：「人們想要享用當代食品科技所有的進步成果，卻不想接受任何一點危害、任何一點風險。很抱歉，這樣是不行的。」[28]

同樣地，許多組織進而譴責所謂的「致癌恐慌」。某位伊莉莎白·威稜（Elizabeth Whelan）醫師在一九七八年創立了美國科學與健康理事會ACSH，一個聲稱「為公眾服務」的非政府組織，人們很快就發現它是特別為了服務汙染與致癌產業的利益而設立。[29]幾年後，歷史學家羅伯·普洛特（Robert Proctor）在《癌症之戰》（*Cancer Wars*）一書裡，用了好幾頁的篇幅，描述由威稜及其組織掀起的資訊戰役。[30]據威稜所述，就是因為「環境毒素恐慌」，才讓政府與科學家們領軍公祭硝化添加物，而他們選擇了豬肉製品工業，就像選擇誰來當祭品一樣任意隨機。想要「一頭熱地禁用添加物」[31]，而不是對「真正的」、獨特的、唯一的、純粹的致癌物菸草宣戰，根本就是瘋了。[32]藉由不斷出現的文章、傳單、書籍、訪問，她重複傳達著這樣的訊息：硝製豬肉製品業潔淨無瑕、受大眾喜愛，已是美國傳統的一部分，從未造成任何一例癌症；而且相反地，使用越多添加物，癌症的數字就越低！[33]

很快地，豬肉製品商 Swift 的前科學部主任理查．葛林伯格就成為 ACSH 新聞報的副主編。在重拾麥迪遜大學——AMI 與豬肉製品業者 Oscar Mayer 的主攻手——研究工作的同時，伊莉莎白．威稜對硝製肉品的致癌性加上了「錯誤」、「不成熟」、「不正確」、「多餘」等意見，認為這些都建立在「無法刻在石碑」的結論上。[34]一份俄亥俄州報紙引用威稜的論述，表示新的危機並非癌症，而是對癌症的恐懼：「這是一種新的執迷不悟，真正的病態。」[35]這篇題為〈當心那些警告〉的文章，最後以一種至今我們都能在硝製豬肉製品捍衛者口中聽到的安慰句型作結：「對抗癌症戰役的重要性太高，不能拿著一些沒有根據的警訊和禁令來削弱它的可信度。必須『不顧一切地』對抗癌症，但不能只靠細究日常的風險就將其消滅。」[36]在捍衛亞硝酸鈉豬肉製品之後，威稜及其組織，用同樣的論述來捍衛其他有致癌性的染色劑與殺蟲劑（特別是除草劑 2,4,5-T）——這些都是她口中蒙受「癌症恐懼」與「疾病恐慌」（「恐病症」）、可憐又無辜的受害者。[37]

閃避天才

遊說團體的宣傳攻勢收到了成果：一個月一個月下來，癌症的問題逐漸淡去，就像被群集的誘餌吸走一樣——肉毒桿菌中毒的危機、經濟崩盤的騙局、豬肉製品的消逝。隨著攻擊，FDA與農業部眼見自己的政治立場逐漸變得脆弱。儘管不含硝化添加物的美國製造商所生產的產品從未引發任何一例肉毒桿菌中毒事件，但硝製法遊說團體的資訊轟炸仍改換了辯論規則：一九七八年初，遊說團體幾乎已經獲勝——在大眾輿論裡，他們將癌症的警示轉變為肉毒桿菌的警訊。

一九七八年春末，政府的最後通牒到期。業者們並沒有回應無害的問題，行政機關則履行他們的承諾：豬肉製品的改革開始啟動。五月十九日，NBC新聞宣布在培根中不能再使用硝化添加物。很快地，培根就變成褐色或灰色。為了給製造商升級技術與設備的時間，下架計畫包含了兩個階段。首先是添加物劑量的些許降低，接著是在一年間的劇烈減量。[38]這份程序的第一部分對產業而言沒有大礙，約束力不強，只要求亞硝酸鈉的用量稍減；另外還能使用抗壞血酸（用來降低亞硝胺的生成，對業者而言，這種表面限制反而意味著他們能強化染色效果，還能更進一步加速製造過程）[39]。這個第一階段是設計來讓製造商準備好第二階段的：這些產品裡的硝酸鹽與亞硝酸鹽必須徹底消失，或換成某種不具致癌性的防腐劑。但業界堅決反對使用不具染色效果的防腐劑。

遊說團體發起攻勢，企圖廢止停用的計畫。AMI總裁理查．林格一再到各地表示，若是沒了亞硝酸鈉，就不可能再有豬肉製品，「至少短期內不會有」。他要求延期，因為根據他的說法，「一下子就要禁用硝化物，那是讓一百二十五億美金的食物徹底消失」[40]。要在華盛頓取勝，任何手段都得用上：政治密會、媒體攻勢、司法威脅、經濟詐騙。這些爭取影響力的行為終究蓋過了停用計畫。幾個月之內，所有重要的手段都被阻斷：第二階段的改革首先是變成「有條件的」，最後在新的規範中消失無蹤。媒體驚訝於行政機關的退縮。一九七八年六月，《華爾街日報》一篇名為〈培根產業似乎已經贏得與聯邦機關對抗的硝化物戰役〉的文章裡，宣布混戰已經結束：「歷經了無數的對峙後，產業還曾認定已預告的法規可能會造成我們熟知的培根消失，而相關部會已經修改了它的計畫。最終的文字在上週生效：亞硝酸鹽的授權使用量相當高，全國九十％既存的培根都能就地合法。」[41]遊說人士嘲笑：還以為部會代表堅持亞硝酸鹽減量這事一定會實現，AMI報紙的一位主編促狹道：「這不過說說罷了，只是要讓大眾相信政府有在做事。」[42]另一位業者則開心地表示：「這顯然是場勝利。跟政府說的正好相反，亞硝酸鹽是不會被禁用的。」AMI總裁理查．林格也少不了得意洋洋：「最終的決定正是我們想要的。」[43]

兩個月後，FDA再次做了嘗試。這個機關犯下一個錯誤：它相信只要靠一則研究就能增加自己的勝算。這篇研究指出除了已知（透過亞硝胺）的致癌效果外，亞硝酸鈉不必經過代謝就能引發癌症。在老鼠身上，亞硝酸鹽本身顯然會引發淋巴瘤。[44]在芝加哥原物料市場上，交易員們根本無懼於這場榮譽之戰。一位談判員說明道：「亞硝酸鹽被檢視了這麼久，沒有任何清楚的東西真的浮上檯面。交易員會說：『好吧，都是一樣的老故事，唯一不同的地方只有這次換了一個衛生主管機關來搗亂。』」[45]

交易員的若無其事是有道理的，因為我們見到的，或多或少是同樣的場景。八月時，FDA提出新的硝化添加物停用計畫，遊說團體與盟友們則倍增他們的攻勢。在國會，豬肉製品州的民意代表加強了他們的立法操作，試著「去禁止禁令」[46]。他們表示自己在行政機關裡發現了一場真正的「陰謀」，一場「禁用亞硝酸鹽的祕密計畫」[47]。我們可以讀到像是這樣的說法：「不幸地，許多政府機關堅持自己禁用亞硝酸鹽的程序。此時就有三個計畫在審議中：在三年間逐漸禁用亞硝酸鹽、一個只在某些產品中消除亞硝酸鹽的階段性計畫、一個對所有產品立即且全面的禁令。而這些全都僅基於在某個實驗室裡，使用單一品種老鼠所進行的一則研究。」[48]

關鍵就藏在「全都僅……」裡。遊說團體主張這則最新的研究，是癌症學家與政府唯一拿得出來的正當科學理由——這則研究表示在亞硝胺與亞硝醯胺「之外」，亞硝酸鈉本身也是「直接致癌物」。幾個月後，在數千則危機、公告、承諾與威脅、新的末日謠言、協商與強迫退讓之後，FDA再次撤退，同意「重新延期」[49]。農業部保證新的豬肉製品「就快要到來」（just around the corner）。[50]行政機關又給出一個日期：硝酸鹽與亞硝酸鹽將會在一九八二年五月一日前從豬肉製品架上消失。[51]許多非政府組織譴責這種「純粹政治考量所造成的退讓，毫無科學基礎」[52]，借用社區健康研究所的所長艾倫．哈斯（Ellen Haas）所言。她預言這次的延期只不過是「遊說團體永無止盡的競逐與拖延症。與其在十八個月之內消滅危險的肉品，人們甘犯繼續食用五年的風險」[53]。

「我午餐吃了熱狗」

二〇一七年，三十五年後，「延期」仍持續著。因為在最後一刻，所有的程序都停止了。幾個星期之內，當人們認定亞硝酸鹽不是「直接」致癌物質，衛生主管機關便告退讓。一九八〇年初，在某位愛荷華州參議員的要求下，出現了一篇官方報告，說得好像只有那一篇研究——它只是一連串研究的尾巴，也是最弱的一篇——曾指控硝製肉品似的。這篇報告主動忽視了亞硝基化合物（亞硝胺與亞硝醯胺等），就像魔術一樣，把此前十五年的研究通通變不見。[54]FDA的署長換人了，而在一九八〇年八月十八日，新的負責人召開一場記者會，說明自己「覺得應該要了解更多」[55]。但他並沒有等太久，聲明的結尾是他俏皮地說：我午餐吃了熱狗。[56]「亞硝酸鹽禁令」在一則宣告放棄硝化添加物禁令的FDA與USDA聯合新聞稿發出後，終告入土為安。[57]肉品包裝業者之間響起一片掌聲，他們召開研討會，譴責這次把他們產業當成目標的「十字軍出征」，吹噓「實用主義」獲得勝利，[58]指責政府宣傳一兩篇錯誤的研究就想引發「亞硝酸鹽恐懼」，又被少數信徒像是社運分子、魔人、嬉皮、素食者等亂七八糟的人，即那些永遠在尋找「本週致癌物」[59]的人們大肆張揚。

關於八年來「亞硝酸鹽戰役」的禁止程序突然叫停，《新聞週刊》的相關報導提到，「業界一片叫好」，並提及事實上「讓科學家感到憂心的是，就算亞硝酸鹽不是『直接』致癌，還是可以轉化為亞硝胺這種強力的致癌物質。」[60]研究者與消費者協會大呼造假。他們提醒，還有壓倒性的充分證據，遠遠不止於最後這篇研究。亞硝酸鹽的直接致癌性只是次要的問題，重要的是其代謝物的致癌性。[61]當消費者協會譴責政府的讓步時，健康主管機關新上任的負責人們保證這個案子沒有被拋棄，「沒有人能說亞硝酸鈉不具危險性」[62]，會盡一切努力「繼續嘗試降低亞硝酸鹽的使用量」。[63]在公布「豬肉製品已宣告無罪」[64]之後，一位農業部的公務員倉促地收回前言，保證「亞硝酸鹽並未被宣判無罪」[65]，另外他還提出二百萬美金「尋求更安全的替代品」[66]。新的 FDA 署長明確表示「這不是亞硝酸鹽問題的結束」，[67]並確認本案會受到妥善處置。但事實上，一切已成定局。風暴已經過去，亞硝酸鈉禁令已被免除，豬肉製品的改革也被棄於一旁。在《華爾街日報》裡，AMI 幸災樂禍地表示：「真正的贏家是消費者。」[68]

魔法般的詭辯

在「肉毒桿菌威脅」的宣傳戰役之外，在經濟敲詐之外（工廠倒閉、豬肉產業消失），要搶救硝化豬肉製品，首先還是靠審判場上的勝利。

就像絲線纏繞一般，整個一九七〇年代纏滿了一連串的司法鐵腕手段。事情的重點，是「致癌物質」的定義。請記得，引發癌症的並不是亞硝酸鹽或硝酸鹽，而是其代謝物。在一九七〇年代，癌症學家還沒開始懷疑亞硝基血紅素的作用，但已開始分辨出亞硝胺與亞硝醯胺的致癌能力。遊說團體的衛士們成功地凸顯了硝酸鹽與亞硝酸鹽「自身」並非致癌因子，不能拿抗癌措施當藉口的概念。他們成功地證明了：美國法律禁止那些「是」致癌因子的添加物，但並不包括「能產生」致癌因子的添加物。或者換句話說：逐字推敲的話，美國法律禁止「致癌添加物」，卻沒有提到那些「讓肉品變得致癌」的添加物。[69]在一九七一年一場宣誓聽證會上，FDA的食品辦公室主任試著把這點解釋清楚：「讓我解釋其中的差別。如果亞硝酸鹽『本身』能引發癌症，法律會禁用亞硝酸鹽。就我所知，狀況並非如此。致癌因子是在我們同時加入亞硝酸鹽與二級胺時，在胃中產生。因此亞硝酸鹽『本身』並不成罪。」[70]

跟這些法律細節一樣看起來不可思議的是，它們同時也非常有效地限制了健康主管機關的規範措施。[71]一九七九年，生物化學家羅斯・霍爾譴責這場「亞硝酸鹽大醜聞」，並強調：「顯然，相關部會認為它的管轄領域只到培根與下顎接觸的那一刻為止。亞硝胺是在培根裡加入硝酸鹽或亞硝酸鹽之後，於消化系統內產生。但這並不符合法律框架，因而法律無法在此應用。簡單說，這就是致癌物質……但卻不非法。不知道您體內的器官能不能了解到其中的差別？」[72]

還有更驚人的。業界代表大肆宣揚行政機關無權檢驗硝酸鹽與亞硝酸鹽對健康的影響，因為根據一九五〇年代末期的法規措施，[73]這些添加物早已獲得「事先授權」。硝酸鹽與亞硝酸鹽在當時被歸於一個業界認為不能經任意評估或再評估的添加物範疇裡——這個範疇稱為GRAS，意為「普遍認定為安全」（Generally Recognized as Safe）*。一九七〇年代因而充滿了無法定案的、針對硝化添加物GRAS屬性的假說，也充滿了關於硝化添加物能否取得豁免於公權力衛生評估的行政許可所進行的司法挑戰。

* 直到今天，與GRAS屬性相關的問題依舊是硝化肉品業者的律師們採行策略的決定性因素。這種屬性無法用於只作為染色劑使用的產品上，相關措施因而促使硝化物捍衛者們將其認定為「防腐劑」。

第14章 戰後漫長路

一九八〇年十一月，隆納．雷根（Ronald Reagan）當選總統，豬肉製品改革隨之遭到封印。最熱情的硝製肉品捍衛者們，接受任命成為健康機關的主管。記者艾瑞克．史洛瑟（Eric Schlosser）如此描寫這段時期：「農業部與理應由其監管的產業之間幾乎無法分辨。部長是個工業豬隻養殖者。食品監察機關的首長，曾任全國畜牧業者遊說團體的副總裁。」[1] AMI總裁理查．林格也入閣了：先是受命擔任副部長的頭號幕僚，[2] 後於一九八六年受命為農業部長。換句話說，硝化豬肉製品遊說團體的領袖，坐上了曾想消滅硝化豬肉製品的部會的首長位子。在十年的激烈戰爭後，如今是AMI來發號施令。理查．林格穩坐其位，直到一九八九年雷根卸任為止。在這八年間，美國農業部轉型成為硝化豬肉製品的全球推廣機關。

AMI掌權

一九八二年七月，在《華盛頓郵報》一篇題為〈食品、癌症與美國肉品協會〉的社論中，全國研究理事會的理事長詳細剖析了AMI使用的假消息策略。他說明這個肉品包裝業者組織如何操控官方的調查結果，以宣傳硝化肉品並無風險。[3]另一方面，農業部則保證會發動「更完整」的分析，並指示進行「新的報告」。而致癌警示卻被打入地牢。每隔一段時間，記者們就會對亞硝酸鈉依然得以合法使用一事感到震驚。[4]研究者們汲汲於展示硝化豬肉製品與癌症之間的連結，但當他們出版了相關證據，這些工作就會被迫胎死腹中，或成為激烈的假消息攻擊對象。[5]遊說團體甚至公開以撤回補助來威脅研究者。[6]為了確保正面宣傳，業界發起了名稱讓人安心的組織——像是「亞硝酸鹽安全理事會」，其官方目標為檢驗市售豬肉製品中亞硝胺的含量。[7]當然了，他們總是獲得最激勵人心的結果。[8]

自一九八一年起，觀察到亞硝酸鹽問題突然「消失」的《國家》（*The Nation*）雜誌，譴責由硝化物使用者取勝的政治戲法。在一篇題為〈亞硝酸鹽鬧劇——請看是什麼回到我們的熱狗裡了〉的文章裡，記者勞夫·摩斯（Ralph Moss）寫道：「亞硝酸鹽的復興，或許標誌著新規範時代的曙光。這個時代裡，科學放棄了它的首要責任（保護大眾健康），協助了規範的消解。」[9]這則預言是正確的：自此以後，歷史學家羅伯・普洛特描寫了一段由一九八〇年肇始的災難性時期（對於癌症預防而言）。在他一九九五年的著作《癌症之戰》裡，有名為〈雷根效應〉的一章，以農業部落入AMI老闆的掌握為例，說明公眾健康主管機關如何系統性地被置於極端自由主義與「支持商業」的改革者控制之下，致力於解除限制與消滅規範。[10]普洛特敘述監管機關如何被交給激烈的反對者掌控——常是受監管公司的律師或法務顧問，而健康主管機關也遭到按部就班的「清理」，造福了商業界。關於食品中致癌物質的研究或調查工作，總被指責是由「化學恐懼症患者」、「飲食樂趣的敵人」與「健康異教長老」們彼此配合演出的空想假科學。普洛特表示：「FDA重新檢視了食物與衛生用品中致癌添加物的規範。如今致癌性汙染物是『受到許可』的，只要能證明其之所以存在並非有意為之，而是因某種製造過程中『無意的』效果才產生就行。」[11]

更嚴重的是，AMI的勝利導致了所謂「醃製」定義的改變。在歷史上，這個詞彙說的顯然是用鹽進行的加工處理。但在北美，其法律定義受到更改，如今的意義已經變成用鹽進行、再加上硝製品的加工程序。[12]多位肉品科學家都如此指出：「肉品醃製，歷史上的定義是加入**食鹽**（氯化鈉），如今說的卻是有意地加入**亞硝酸鹽與食鹽**。」[13]跟著美國法規的腳步，加拿大肉品包裝業也在國內獲得勝利。結果是，在加拿大，豬肉製品製造者不使用硝化添加物進行作業時——甚至當其生產的火腿品質普遍受到歡迎——並不會受到鼓勵，還正好相反：由於其不遵守業界制定的規矩，這些匠師會受到刁難，有時會被威脅告上法院，產品也會被查扣。[14]在每個食用豬肉製品的地方，硝製肉品產業都成功地強加了對自己有利的定義、製作方法與規範，乃至迫使非硝製豬肉製品的消失。

多方突圍

一九九五年，羅伯．普洛特指出AMI致力於貶低大腸直腸癌研究的可信度，就像菸草研究所為肺癌風險擦脂抹粉，或像是「石綿資訊協會」警告大眾注意「石綿恐懼症」或「纖維恐懼症」[15]等。這些努力永無休止：數十年來，各大肉品協會專心致志於混淆流行病學的研究結果，直到硝化豬肉製品與癌症之間的連結看來不甚確定，有點神祕，必須作為持續不斷「補充研究」的對象。長久以來，硝製法用戶遊說團體採用的政策基本上都是防衛性的：激烈否定豬肉製品有可能不靠硝化添加物來製作。面對不斷進展的醫學，遊說團體的任務變得越來越困難——在今天，看來已經像是在遭到重重圍困的城堡中進行守禦。「無可避免的肉毒桿菌中毒」童話始終都位居這場詐欺的核心，但年復一年，遊說團體的衛士們又另加上其他威脅，宣告硝化添加物是抵抗其他細菌之「必須」，特別是「李斯特菌」（Listeria，會出現在多數食物中——特別是在生乳製品如乳酪，肉類製品如絞肉、雞肉，水產以及某些蔬菜裡）。事實上，和肉毒桿菌一樣，有其他方法能控制這種細菌造成的風險——這些方法同樣可靠，而且還提供消費者無法忽視的優點：不會致癌！如果我們接受遊說團體關於粉紅火腿的虛假論點，那麼硝製法也必須被授權成為軟乳酪、雞肉三明治等食品的「抗李斯特菌」解決之道，取代良好的衛生方案。

無獨有偶地，遊說團體持續以無處不在的說詞欺騙民眾，他們利用了這個事實：硝化添加物不會「直接」引發癌症。為了使人忽略亞硝酸鹽的代謝物有致癌性，宣傳品上不斷刊載著亞硝酸鹽本身並不致癌的訊息。例如，在一張支持硝化豬肉製品的傳單上，我們可以看到：「FAO／WHO的專家委員會在二〇〇三年指出，沒有證據可證明亞硝酸鹽對人類有致癌性。」[16]然而這裡提到的，由WHO與FAO（聯合國糧食及農業組織）召集四十七位醫師組成的委員會，才剛發出建議，呼籲人們限制豬肉製品的攝取，原因正是癌症風險。[17]AMI的遊說人士對此有所警覺。[18]他們故作天真（同時也不揭露自己與AMI的關係）地嘗試欺騙大眾，使用狡猾的伎倆，寫道：「要說攝取豬肉製品中的亞硝酸鹽或蔬果中的硝酸鹽會產生任何有害的毒性效果，令人難以相信。」而後結論道：

「消費者最好不要走進這個趕流行的陷阱，導致遺忘了常識與科學。」[19]

在同樣的概念下，遊說人士也使用另一項事實：正常唾液中都有著含量微不足道的亞硝酸鹽。他們最常用的伎倆包括表示：「如果亞硝酸鹽會引發癌症，人們最好停止吞嚥自己的唾液。」[20]謊言的核心始終如一：永遠只提到亞硝酸鹽（已知本身並不致癌）而不提到硝製肉品。這個險惡的伎倆已經由一九八〇年代的遊說團體使用過——也已經遭到最強烈的駁斥[21]——但這個策略還是可以運作正常，因為許多硝製法用戶的宣傳網頁上還不斷採用。[22]法國遊說人士也不自外於此。透過大量的圖像與影片，他們向大眾說明蔬菜裡有硝酸鹽，唾液裡有亞硝酸鹽。這些手法讓非專業的人們感到：在硝製肉品與癌症的問題裡，一切都很奇怪又很複雜，永遠都讓人疑惑，難以索解。

聲稱亞硝酸鹽遭受錯誤指控

為了讓宣傳更完善，美國遊說團體展開持久的努力，傳達一則很久之前在輿論中就已出現的認知錯亂。二〇一六年，在info-nitrite.fr網站上，法國豬肉製品產業遊說團體——法國豬肉製品、熟食生產、肉品加工產業聯盟Fict，前身為全國醃製與豬肉製品批發產業聯盟——上傳了一份AMI文件，題為〈亞硝酸鈉：事實彙編〉。這份文件的第二頁始於下面這個標題問句：「多年前，我聽過有些人說亞硝酸鹽會引發癌症。難道亞硝酸鈉就沒有危險嗎？」[23]文件內容則指出今天最高醫學機構都已經給予保證。文件中引用一位研究者所述：「說那不好的，是走上一條錯誤的道路。」[24]

儘管硝化豬肉製品被Iarc歸於第一類致癌物質，AMI依然故我，試著將硝化豬肉製品的致癌性呈現為某種異想或無稽。二〇一五年十月，世界衛生組織公布官方分類時，AMI研究基金負責人的反應是指控Iarc的二十二位專家：「他們操縱資料好獲得自己想要的結果！」[25]在混亂中，AMI發起一場全球媒體攻勢，削弱Iarc及其任務與研究者的公信力。[26]

當WCRF比Iarc更早九年，針對豬肉製品的致癌性提出類似的結論時，AMI的負責人就曾宣稱：「如果今天有人說世界是平的，我們會爆出笑聲，因為這是離譜的、過時的錯誤。對於肉品與癌症、亞硝酸鹽的風險，或類似問題的某些觀念，也該被放進這個範疇。這些都只是神話。」[27]在一份廣告傳單裡，某個美國遊說團體的分部指出，對於硝製肉品相關的癌症恐懼是「五個可以忽視的衛生恐慌之一」[28]。同樣地，歐洲亞硝化鹽界的老兵，獲得硝製法首批專利書之一的奧地利Aula Werk公司，毫不遲疑地在其網站上宣布亞硝酸鈉「如今已告赦免」。這家添加物製造商機靈地說得好像自己——與硝化豬肉製品的消費者們——才是那些「反肉者」們道德宣傳的受害者：「他們讓我們對自己肉食的胃口越來越良心不安。在媒體上有太多人好為人師。他們的口徑一致，甚至說亞硝化鹽可能會是某些癌症的部分成因。但它如今已告赦免。」[29]

總而言之，硝化豬肉製品的致癌性被認為是某種抓匪諜的事件，硝化添加物蒙受了欲加之罪，這是一場巨大的集體錯誤，知識分子從中攫取利益——他們還持續沉浸在瘋狂的記憶，以及知識的空缺之中。這是一種古老的信仰——某種故事、都市傳說、遠古神話、過期的恐懼、某種杞人憂天，流傳在受到警告訓令所驚嚇的人群之間……而今一如四十年前，Oscar Mayer的老員工與麥迪遜大學的研究者們站在前線「釐清爭議」，根據他們最近的研究表示。[30]「報告」之後又是「白皮書」，許多實驗室接力餵養出一道滔滔不絕的出版文字之流。根據遊說團體的報紙所言，這是為了「廣泛教育公眾健康從業者、營養師與大眾關於亞硝酸鹽的基礎生物學角色，藉以處理他們的恐懼與疑慮」[31]。借助於專職製造疑慮的江湖術士，如多次遭受譴責的Exponent公司，[32]亞硝酸鹽的策畫者們不停地生產出新的論點，*讓致癌豬肉製品的問題看起來只不過是某種「爭論」。彷彿存在著兩個陣營：一個「認為」硝化豬肉製品具有致癌性，另一個則不同意。奇怪

---

* 像是AMI的專家解釋，硝化添加物不可能有害，因為自然界裡就有亞硝酸鹽的存在，而且在蔬菜裡就有。這裡有個**肉品科學家**們都知之甚詳的巧門：蔬菜裡確實含有亞硝酸鹽，但同時也含有能阻礙亞硝胺產生的維他命。更具決定性的是，蔬菜裡並沒有血液，所以就沒有血紅素——也不會含有亞硝基血紅素。總之，與硝製肉品不同，蔬菜中並沒有致癌的亞硝基化合物……

的是，在「不同意」的團體裡，只有業者，以及為其工作或曾經為其工作的科學家們而已。[33]

網口已經逐步收緊。受到以往「亞硝酸鹽戰役」的教導，遊說團體已經準備好進行下一次戰役。面對不斷進步的科學，美國硝製法用戶們必須離開守禦位置，採行越來越大膽的策略，直至近年來所採用的，可稱為「預警性說項」的攻擊路線。這個訊息簡單的令人吃驚。只需認定，與一般所相信的正好相反，硝製肉品實際上「對健康有益」。

第15章

愛麗絲夢遊硝酸境

在《愛麗絲鏡中奇緣》（*De l'autre côté du miroir*）裡，壞皇后（紅皇后）對愛麗絲說，「要真的很努力才能停在原地！」[1]這說的可能就是粉紅火腿仙境的吉祥物：亞硝酸鹽遊說團體不斷高聲宣示，自己已盡一切努力去除硝化添加物，至於癌症方面，則須繼續「多加研究」。某天，我們能否確知，在這持續不斷的延期下，報告裡又要加上多少癌症病例？但在這裡，粉紅火腿的小商人們又一次把仙境夢遊當成學習典範。為了捍衛硝化豬肉製品，連童話看來都不嫌誇張。

香腸博士們

數十個網站傳達了遊說人士最愛的，也是最有效的假消息，聲稱蔬菜裡也含有亞硝酸鹽。既然蔬菜有著抵抗癌症的顯著功能，又怎麼能說硝化處理過的食品會具有致癌性呢？

根據某些文件說明，亞硝酸鈉可以用作氰化物的解毒劑。事實上，將亞硝酸鈉作為「氰化物解毒劑」是種極端危險的程序，只有已經走投無路、「生死交關」時才能使用。這種方法，是注入定量的亞硝酸鈉以牽制氰化物的毒性（這兩種物質在血液中的作用機制會彼此抗衡）[2]。

其他的遊說人士認定我們終會發現新的長生不老藥：在二〇一二年題為〈最新研究表示亞硝酸鹽可能對健康有益〉的文字中，愛荷華州的某個業界組織「Pork Checkoff」指出，「國家健康研究機構的科學家做出結論：亞硝酸鹽具有對器官移植、心臟病發、鐮狀血球病症、腦動脈瘤、腿部血管問題，以及促成嬰兒窒息的肺高壓等病症的潛在療效」[3]。

這完全就是一場詐欺。如果不看後果的嚴重性，也可說是一場鬧劇。這到底是什麼意思？亞硝酸鈉，由於它對血液與血管壁的作用，可用於心臟病發事件上。既與血管有關，就也可用於腦動脈瘤（即顱內動脈管壁不正常擴張）、肺高壓，以及鐮狀細胞貧血症（血紅蛋白的遺傳性疾病）。在上鎖的藥房抽屜裡，塞滿了可用於手術的物質，但卻不曾有人想過要拿來當作食品添加物。「嗎啡鹽」是種可靠的止痛劑，但因此就能允許它用作乳酪防腐劑或肉品染色劑嗎？如果西方藥典幾世紀以來都是這樣寫的話，我們是否就能想像用砒霜衍生物或毛地黃來為柳橙汁增色，或延長其保存期限？亞硝酸鈉便是如此。在今天，遊說團體的宣傳者們欺騙大眾，表示硝化豬肉製品並不具危險，因為亞硝酸鈉可在手術室裡使用。這是種相當別致的騙局。事實上，亞硝酸鈉用於心臟專科的時間遠早於用在火腿處理上（參見本書第五章）＊。

但論點的荒謬並不影響它的作用，至少在擾亂視聽上它們成效斐然。某篇文章於是宣稱「熱狗的防腐劑可能成為新藥」（Hot dog preservative could be new medication）[4]。在這則宣傳標題之後，則是一個問題：「要是用來保存熱狗的化合物也能保護您的健康呢？」並表示研究者正在進行「基於亞硝酸鹽」的實驗，目的在產出有助於「鐮狀細胞貧血症、心臟疾病、腦動脈瘤，以及一種使嬰兒窒息的疾病的便宜療法」[5]。根據這篇文章，這能夠「幫這種時常被貶低的肉品防腐劑恢復名譽」。文章的結論是：「這種我們曾認為能促發癌症的物質，竟已東山再起。」[6]在法國硝化物使用者的網站 info-nitrite.fr上，可以下載AMI的傳單，詳細刊載這些「健康論點」。我們可以看到像是：「亞硝酸鹽能預防心臟病引發的意外，能控制血壓，有助於傷口結痂，以及治療鐮狀細胞貧血症和其他許多健康問題。」[7]傳單的結尾寫道：「消費者當然能安心食用含有亞硝酸鹽的肉品——也能懂得欣賞。」[8]

這種論述在 connaissezvosnitrites.com（譯注：網站名意為「了解您的亞硝酸鹽」）上獲得更

進一步的發展。這個網站是由名為「加拿大肉品理事會」（Canadian Meat Council）**的亞硝酸鹽用戶群體，針對加拿大的法語使用者們所建立。這段文字值得長篇引用：「儘管多年來，令人驚訝地，許多人相信自己得避免食用亞硝酸鹽，不過許多研究已經指出，亞硝酸鹽對人體健康至關重要。研究指出亞硝酸鹽可以：調節血壓、降低心肌梗塞的傷害、預防中風後腦部傷害、預防妊娠前兆子癇（前兆子癇是在妊娠期間嚴重的血壓升高症狀）、促進傷口結痂、增加器官移植成功率、治療鐮狀細胞貧血症、預防胃潰瘍等。人們已經證實，食品中加入亞硝酸鹽能對以上每種狀況都產生正面的影響。」[9]

加拿大肉品理事會甚至認為，「革命性的深度研究已經消除了亞硝酸鹽與癌症之間的連結」[10]。冒著重複說明的風險，讓我們再次澄清：律師們能申明這句話在「按字面解釋」時算正確。亞硝酸鈉本身並非致癌物質。但這句話實為誤導大眾，因為它掩蓋了最重要的事：亞硝酸鹽並非致癌物質，其代謝物才是。添加物並非致癌物質，以此添加物處理的肉品才是。「加拿大肉品理事會」的宣傳就像是一則菸草遊說團體偽善的說

* 見到豬肉製品業者們如此提出關於亞硝酸鈉的藥用史，令人感到好奇。直至今日，他們始終想讓人忘記，亞硝酸鈉在用於火腿之前，首先是受到十九世紀的醫院所採用。

** 這個組織的舊名更能清楚表達其目的，即「加拿大肉品包裝業理事會」（Meat Packers Council of Canada），硝製法是其作業程序的核心。

法，用來誘使大眾吸菸：「與某些人相信的正好相反，科學家們現在已經知道，尼古丁並非致癌物質。」這句話以技術性與法律性觀點來看是對的，但在其隱含的意義上則是錯的。

這些錯誤訊息被無知的作者們散布，他們並不了解遊說團體論點的欺騙性就全盤接收。在說明「媒體繼續相信硝酸鹽與亞硝酸鹽會引發健康問題」[11]之後，某個美國營養知識部落格敘述為什麼這些「恐懼」已經被消除，並代以支持硝酸鹽與亞硝酸鹽的結論。「近年來的結論指出，這些物質不只無害，更可能具備許多好處，特別是對免疫力與心臟健康而言。」[12]這篇文章繼續問道：「培根是新的健康食品？」其他出版物則建立了虛假的二元對立，彷彿必須在兩個看來互不相容的選項中擇一。二〇一五年就有一篇這樣的文章，題為〈人類食品中的亞硝酸鹽與硝酸鹽：致癌因子**或**具有降血壓優點的成分？〉[13]，作者說明人們（以往曾）相信食品中存在的硝化物質是種風險。在序言裡，這本期刊指出「在當代西方世界裡，食品中的硝酸鹽被錯誤地連結上癌症的發生。事實上，近年來的發現顯示，它對健康有益，特別是能夠降低血壓」[14]。

消毒漂白的宣傳

在法國，美國遊說團體的論點特別受到某些農業地帶的採用，這些地方支持重新檢討那些限制了氮肥——包含硝酸銨、硝酸石灰（鈣）、硝酸鉀、硝酸鈉等——以及廢水肥灌溉的水汙染規範。弔詭的是，硝酸鹽的倡議者們也常與豬肉產業有所關聯。在布列塔尼，「硝酸鹽使用原則」阻礙了畜牧業的擴張，被認為是經濟發展的煞車器。於是幾年前，在生產鏈的兩個極端之間出現了令人意外的結盟：某些豬隻畜牧業者表示，**硝酸鹽**並無危害，企圖藉此簡化糞肥的處理；某些豬肉製品業者則表示**亞硝酸鹽**並無危害，以持續在火腿中使用。汙染與添加物，沒想到只要兩邊如此勾連，就能成功地引進亞硝酸遊說團體大膽的新科學主義宣傳攻勢。

而早在二〇一三年三月，《法國農業》（*La France agricole*）雜誌就已經提出一則題為〈硝酸鹽與健康：驚人的反面調查〉的「特別報導」，以呈現某種科學界的「全面轉向」。「在英語系國家，許多全新發現的要點證實，對健康而言，食物中亞硝酸鹽所具備的優點多於不便，這與至少五十年來的主流教條正好相反。」[15]《法國農業》預測：「這則逆勢操作的調查，無疑將可激發廣泛的除魅，甚至引起質疑。」這裡說的質疑顯然也其來有自：上文提到的「英語系國家新發現」的要點，其實是這些研究者都與AMI

有利益關係。於這場「全新典範」之中，出現一位奇特而令人起疑的活躍角色：「納森．S．布萊恩（Nathan S. Bryan）教授」[16]。身為德州的企業家與研究者，他的許多著作都高唱著亞硝酸鹽及其衍生物的好處——讓人想起其他意圖欺瞞的產業，為了扭轉問題物質的形象所採用的戰術。[17]在info-nitrite.fr網站上的文件裡，布萊恩先生還追憶起「與癌症有關的古老神話」[18]來。

在一篇題為〈人們發現加工肉品對健康的好處〉的文章裡，某個美國公眾網站表示，納森．布萊恩「憂心某些團體散布關於硝酸鹽和亞硝酸鹽與『健康風險』有關聯的錯誤訊息」。據布萊恩先生所說，「將某些癌症特別歸咎於硝製肉品的指控，完全沒有任何一點科學根據」[19]。他認為根本相反！因為，若只有微量的話，亞硝酸鹽看來比較像是會保護人們免於癌症……而且只對已經罹患重病的人們才有害：「整體而言，我們的資料指出，在些微的劑量下，亞硝酸鹽可能會在阻礙第一期癌細胞成長，但在較高劑量下，如在第四期大腸直腸癌的狀況下，則可能會促其成長。」[20]換句話說，亞硝酸鈉可能較具防衛性，其危害只能影響到罹患擴散性癌症的人（在「第四期」，癌症已經轉移至全身）。在一場二〇一〇年的研討會裡，布萊恩先生的演講題為：「食品用硝酸鹽與亞硝酸鹽：從威脅到奇蹟」[21]。在他刊登於《肉品科學》（*Meat Science*）期刊的一篇文章裡說明道，「**富含**亞硝酸鹽的食品或餐飲可能對健康有極大的好處」，並哀嘆「儘管有了幾十年來對其作為醃製用料的安全性與有效度的詳細研究，許多人還是繼續認為它是不好的有毒添加物」[22]。法國《農業運銷》（*Agrodistribution*）雜誌也在二〇一一年刊出一則布萊恩教授的訪談，題為〈亞硝酸鹽的作用就像維他命〉[23]。

許多研究者駁斥了布萊恩先生及其同儕在關於癌症與心血管流行病學上的定論。[24]但他們並沒有看穿背後的玄機。而當人們發現納森・布萊恩是由AMI僱來捍衛其利益[25]並抗衡硝化豬肉製品科學研究[26]的員工時，一切便顯得相當明朗。遊說團體的內部文件揭露了他如何受AMI委託來反駁Iarc的結論。[27]布萊恩先生是《迷思：豬肉製品中的亞硝酸鹽與癌症等疾病有關》[28]這部訪談影片的中心角色。這位專家利用自己的學術頭銜，企圖說服大眾硝化豬肉製品誤受懷疑能引發癌症，其實卻顯示出對心血管有益的優點。他指出，自從對癌症產生「懷疑」以來，科學就發現了人體也會製造亞硝酸鹽，暗指這種「發現」能阻止他認為只是「恣意妄為」或「趕流行」所生的「恐懼」。事實上，內生的亞硝酸鹽早在超過一世紀前就已被發現。[29]

這則騙人的影片，是AMI透過YouTube發布的系列之一，影片頻道名為「關於肉品的錯誤迷思」（Meat MythCrushers）。我們能在裡面找到像是《亞硝酸鹽的根源及其益處》之類的影片。AMI公關部門負責人訪問了威斯康辛／麥迪遜大學教授辛德萊（Sindelar）博士。[30]片中提問是：「好的，對於亞硝酸鹽有疑慮的消費者們，您想對他們說什麼呢？」辛德萊博士穿著白袍，站在實驗室裡，明確地回應：「豬肉製品中的亞硝酸鹽對消費者非常安全！」在同一系列影片裡，該遊說團體的「科學部門主任」穿著實驗室外套現身，裝得就像個智者。這則影片題為：「問問科學家。亞硝酸鹽處理過的肉品是否安全？」回答是：「消費者不該害怕亞硝酸鹽。無論如何，醫學社群已經不再有所恐懼。」[31]總是同樣的老哏：假裝忘記是硝製肉品才會致癌，而一再強調亞硝酸鹽本身並無致癌性。

或許就是在這些針對大眾的影片中，硝化豬肉製品的騙局最為齷齪。在這裡，遊說團體的恬不知恥昭如明日。在YouTube上，除了尋求資訊的消費者之外，AMI的訊息還能是針對誰呢？公眾有疑慮嗎？他們是否聽到WCRF或WHO才剛確認並強調「加工肉品」確能致癌無誤，在這點上毫無疑問？就欺騙他們吧！就在消費者感到疑慮的同時，向他們提出保證！讓他們買下我們的硝製香腸！讓他們吞食致癌的火腿！讓他們毫無保留地用來餵飽兒童！讓他們充滿信心地食用，像白雪公主一樣咬下女巫為她準備的紅蘋果！

煙幕重重

在一九四〇年代，面對控訴香菸的科學界，菸草業者們公布了尼古丁對雷諾氏症（Raynaud's phenomenon，一種血液循環病症）具有療效的證據。[32]稍後，香菸商們資助研究者確認某些尼古丁的益處。心臟病學家因而得以指出其有助於血管生成，亦即對新生血管的增生有益。藉由神經醫學中類似的發現，與菸草遊說團體有關係的媒體便能吹噓菸草的好處，說它是「具有療效的植物」：「菸草的敵人們為了自己方便而遺漏了新的訊息，而近來的研究指出，除了已知的風險外，這種珍貴的葉子也對健康有益。越來越多的研究顯示，菸草的某些成分能保護人免於染上疾病，特別是帕金森氏症或妥瑞氏症候群等腦部疾病。」[33]

有賴於針對煙草業的法律訴訟揭露的許多文件，今天人們越來越清楚在其間採行的操控策略。癌症學家希達爾塔·穆克爾濟（Siddharta Mukherjee）用幾句話總結了遊說團體的騙局：當詭計逐漸被揭穿時，「就連業界的律師們都感到恐慌：就像子母人偶一般，欺詐的圖謀都隱藏在統計數字的背後，而這些統計數字也遭操弄。在謊言的核心，我們還會發現其他謊言」[34]。歷史學者與政治學者的工作讓我們得以認識支持菸草「科學界」的詭辯技術（或「製造懷疑」的技術）。歷史學者羅伯·普洛特逐一列出不斷增長的貪腐科學家名單。對這些他稱為「菸草郎中」或「否定論者」[35]的人們來說，任務非常簡單：讓人們相信「還沒有」足夠的證據可認定香菸具有致癌性。數以千計的偏移話術受到採用，包括了那些讓人相信香菸「在過度攝取時」才會致癌，甚至適度適度攝取還相對具有保護作用（「要避免肺癌，一天不超過一包！」一則菸草商於自我防衛戰役初期的出版物中如此說道）[36]。接下來，就是在真實的風險下誤導公眾，像是推出「淡菸」，或隱藏菸草煙霧中亞硝胺的致癌效果[37]（亞硝胺不只存在於吸煙者攝入的煙霧中，而**特別**是在**二手菸**裡，即周圍人們呼吸到的煙霧中）。

在今天，我們知道香菸商們耗費了數十萬美金以隱瞞公眾被動吸菸的嚴重性。他們引用錯誤的研究，將這些問題都說成是「迷思」[38]，他們採行各種詐欺與操縱的手法，直攻Iarc總部辦公室，意圖阻礙人類透過WHO發現真相。[39]一位專門研究菸草工業所採用影響策略的醫師，解釋為什麼在一九九〇年代亞硝胺讓香菸商及其律師們如此憂心：吸菸者面臨致癌風險，遺憾地，並不是什麼新聞，「但令他們困擾的，是藉由空氣擴散的毒素可能也會影響到非吸菸者健康的結論」[40]。必須化解對於二手菸與亞硝胺的恐懼：「有一整支由公關、白手套與貪腐的顧問所組成的專家隊伍為律師服務——與真相對抗，並為公司服務——與公眾對抗。」[41]而從出自菸草業訴訟過程的文件裡，我們可以發現亞硝酸鹽用戶們如何與菸草業造假人士彼此結盟，對公眾隱瞞硝酸鹽衍生物的危害。

「豬肉製品策略」

借助於菸草專家之手，豬肉製品產業得以敏捷地面對流行病學的進步，避開用以預防的政策。例如，許多信件與備忘錄都揭露了各種私底下的利益輸送、陰謀策畫與政治施壓，直抵加州行政當局層級。[42]這都是為了逃避衛生主管當局要求製造商在硝化豬肉製品包裝上標明這些產品具備特定的致癌風險。[43]在可透過網路參閱的文件裡，我們也能找到一連串的傳真文件與機密報告，並藉此得知遊說人士們如何為致癌豬肉製品與二手菸建立起一條聯合防線。在一封一九九六年二月的信函裡，一位遊說人士吉姆·托西（Jim Tozzi）[44]詳細地說明了他與華盛頓相關單位負責人會面的經過，後者有權根據癌症風險，採取對硝化豬肉製品不利的措施。這位專業策畫者描述了他的進展，[45]如何要求更多資金，說明他還必須跟哪些公務員會面以「阻礙」中央部會「未來可能會有的一切行動」[46]。他非常了解問題。多年來，他不斷藉由引用許多認為二手菸「尚未得到證實」的「證據」，要迫衛生單位的行動喊停。[47]

深入探究這些文件，我們也可以看到亞硝酸鹽用戶們採取什麼行動，來陷害那些研究幼兒腦瘤復發與食用硝製香腸之間關聯性的學者們。後者的研究一再指出幼兒腫瘤的產生與母親懷孕期間攝取硝化豬肉製品之間的關聯性。[48]在一份一九九六年一月十六日的機密文件裡，遊說人士托西用了六頁的篇幅詳細描述了「菸草與豬肉製品相關策略」。他強調新的科學研究已經證實，讓幼童暴露在菸草的煙霧之中對其有害；而胚胎會遭遇的危險不僅在母親吸菸時，在她吸入二手菸時亦然。這位遊說人士強調，這類結論對其客戶而言會造成嚴重的問題，因為行政當局有可能會因為「保護兒童」的理由而予以採信。[49]他提出一則反擊的計畫，說明自己將會找一位傭兵科學家，命其散播經過計算的論點，「傳入整個政府以及媒體，也對外界以此說明」[50]，藉以保護菸草生產商的利益。

接著，在「豬肉製品策略」的標題下，他詳細敘述自己與協作者們，如何試著馴服一名因其對硝化豬肉製品的發現而可能造成問題的癌症學家。他隱瞞自己真正的動機並接近她（以洽詢對某文件的意見為由），然後誘她參與一場設計來欺騙她的講座（這位遊說人士明確指出，為了不引發警覺，必須在作為裝飾的許多主題內藏入關於豬肉製品中亞硝胺的訊息）。[51]今天，我們已經有了許多關於在美國與歐洲的亞硝酸鹽用戶遊說團體，面對特別固執的癌症學家時如何操弄的其他證據。我們可以想想二〇一三年在奧斯陸舉辦的一場偽造的研討會，期間法國專家丹尼·寇別（Denis Corpet）被遊說團體成員所騙，出版了一份假造的文件。[52]這份竊取而來的認證，又因為企圖掌握這位法國研究者事後反應的種種操作而更顯得惡性重大。

造假資訊的汙染

很可惜，只讓訊息傳遞者窒息，並不足以讓癌症的問題消失。每一年，新的研究、報告不斷出爐，證實硝製肉品的危害。在WCRF於二〇〇七年建議徹底避免食用豬肉製品後，[53]遊說團體又能做些什麼呢？如今Iarc已經確認了三十年來的流行病學結論，將豬肉製品歸於「第一類」，該怎麼辦？謊言一旦出口，就騎虎難下。在這場向前逃離的行動中，難免不斷加碼下注：科學越進步，謊言便需更加精良，必須發明新的圈套，找出新的理由，好繼續說「要發布營養學上的建議使癌症數字顯著降低，所需的資訊並不足夠」（一九八一）[54]；或指控豬肉製品引發癌症的研究「實際上並不遵循任何科學理據」（一九九八）[55]；或聲稱Iarc的結論（二〇一五）「違反常識」[56]或「並不適用，因為它們在整張拼圖中單單用了一片，只納入健康作為考量」[57]。

對造假者們而言，這是一條充滿風險的路，因為這些進行中的掩飾，正走上一條將來或許該被稱為「犯罪」的險路。今天，操弄手法主要集中在歐洲，因為這裡的流行病學家與癌症學家們最為固執。在巴黎、里昂、里爾、布魯塞爾、馬斯垂克、奧斯陸、瓦倫西亞等地，亞硝酸鹽用戶的策士們活躍不懈。假造的科學研討會、假造的資料與宣傳行動等，都意在散播懷疑、欺瞞公眾，好爭取時間，並騙過衛生當局：在粉紅火腿與漂亮的熱狗腸背後，硝化豬肉製品的後房間是個影子劇場，滿滿都是操弄數據的人們與專上電視的「營養學醫師」，還有無法無天的研究者、造假的科學、許多騙子和健康與利益之間不可思議的套利行為。

在最近幾年間，支持亞硝酸鹽的造假事件大量散見於科學文獻之中。舉個例子：一篇最近刊登在《食品科學與技術潮流》（*Trends in Food Science & Technology*）期刊上的文章就討論了「亞硝酸鹽有什麼替代方案？」的問題。這篇文章由四位亞洲（韓國與斯里蘭卡）各大學的學者所撰寫，目的在於檢驗「知識的現況」，以探討讓肉品較不易產生危害的加工方法。作者們看到，流行病學研究已經指出硝製肉品具有致癌性。不幸的是，他們的參考資料被出自麥迪遜－威斯康辛研究團隊，以及被AMI收買的作者撰寫的十餘篇文章所汙染。布萊恩先生及其信眾們出版的文字，就足以偽造出某種知識的現況，導致在分析的最後，作者們結論道：「另一方面，某些研究也發現了亞硝酸鹽對健康的有益效果。」[58]於是，這四位亞洲研究者不確定該怎麼結論，而這個問題也就保持開放。對那些為遊說團體服務的「懷疑論小販」們來說，這就等於**任務已經達成**。但如此混亂，如此卑劣。這四位亞洲大學學者遭陷於不義，一起受害的還有資助他們進行摘要工作的有關單位、其他閱讀這篇文章的研究者與學生，乃至有可能不再使用硝化添加物的豬肉製品業者們。到最後，會有多少本來能倖免於難的受害者成了未來的癌症病患，無論是在斯里蘭卡、韓國，或是這篇文章傳播到的任何地方？為了捍衛幾間美國工廠，在世界的另一端又要多出多少病患？

甚至不用走得那麼遠，就可以見到那些遊說團體口中「吃硝當吃補」的妄念，是如何在毒染食品的同時造假知識。讓我們看看一則二〇一四年，由斯堪地那維亞半島上某大學裡三位研究者所進行的研究。這則研究由丹麥食品行政署（Fødevarestyrelsen）資助，意在評估硝化添加物的必要性，以導正丹麥對於歐盟規範的立場。[59]但丹麥報告的撰寫人，似乎還不知道硝化豬肉製品業採行了石綿、殺蟲劑與菸草業者的戰術。在整篇報告裡，作者們都採信了他們認定為可信的文章，卻不知道那只是AMI遊說科學家們的出版品。於是，丹麥研究者們參考了一九七〇年代的文獻，卻沒意識到這些都是遊說團體捍衛者的論著，存在於「亞硝酸鹽戰役」的特殊脈絡之中。丹麥作者們採信並引用的「香腸衛生安全所不可或缺的亞硝酸鹽最低劑量」只不過是在硝製香腸業者的權柄之下進行，特別為了正當化硝酸鹽使用所做的研究。[60]同樣地，丹麥作者們認為可供參考的一篇關於豬肉製品傳統的文字，也不過就是兩位美國肉品包裝業者僱員為AMI所重寫的「歷史」，意在證明自從文明初始起，「豬肉製品」與「硝化豬肉製品」就一直是同義詞。[61]

同樣的戲碼一再上演，近年來「慣犯」們的文章總被無聲地置入參考資料裡，他們成功地偽造了知識，以至連丹麥作者們都寫下：「為窮盡研究視野，必須附加說明，近來有人表示微量的亞硝酸鹽反而可能對健康有益。」[62]他們引用了「顯示出亞硝酸鹽對心血管疾病具有正面影響力的介入性研究」。布萊恩先生便是被引用的作者之一，另外則是某位安德魯·密寇斯基（Andrew Milkowski）醫師，「威斯康辛州麥迪遜大學肌肉組織生物學實驗室教授」。丹麥研究者們又怎麼能猜到，密寇斯基醫師其實是位麥迪遜熱狗工廠的退休員工呢？如果他們發現，密寇斯基先生二十年來在Philip Morris集團裡，參與了「亞硝酸鹽任務編組」，負責操控讓人尷尬的、對硝化豬肉製品興趣有點太高的癌症學者著作，他們還會認為這些文獻有多少價值？或甚至這位先生長期以來執掌著AMI的「亞硝酸鹽次級委員會」？又或，在沒有揭露這些關係的前提下，他最近還針對加州當局的抗癌措施執行，掀起一場反攻？[63]很不幸地，像這篇丹麥報告一樣的情況無獨有偶。因為由AMI發起的造假策略，同時也造福了位於歐陸的掌權者。最近一篇上呈歐盟委員會的專家報告（二〇一六年一月）就強調了AMI的作品，並採行其觀點，藉此證成歐洲業者得以繼續使用致癌添加物的正當性。[64]

「顧客服務」

基本上，這一切都不是新鮮事。就像哲學家馬蒂亞斯．紀黑（Mathias Girel）針對菸草工業所寫的，公眾已經意識到「在增長我們知識的研究一旁，存在著另一種研究，致力於收割既有知識，只為了製造懷疑而生。這種科學僅只為了確保並拖延規範性的行政作為」[65]。我們已經知道這種「反對健康的科學」是用來為眾所週知的汙染者、害怕失去市場的殺蟲劑或基改食品賣家等爭取時間，我們已經知道這是石綿業者的最後防線，他們必須在猛烈的司法攻勢下找出藉口。[66]我們又怎麼能接受在這些方案之下，超市裡的豬肉製品區隱含著「致癌區」的意義呢？

《時代》雜誌提出了一種方案，描述在美國出現的虛假流行病學小販：借用Hertz出租車輛的模式，《時代》雜誌稱其為**出租科學家**（rent-a-scientist）。在一篇由AMI於一九九四年為了與三篇同時發表的研究結果抗衡而委託製作的祕密報告裡，我們能找到這些「懷疑技術士」的教義經文：「統計關聯性不能證明傷亡數字；這些結果只不過暗示了可能的關聯，需要後續補充研究。」[67]當然，接下來就是，用盡一切方法讓這些「補充研究」完全不會發生！這篇呈交AMI的報告列出了能用來對抗其方法與結果的論點。上文中提到的調查指出，幼兒攝取越多含有亞硝酸鈉的香腸，就越容易罹癌（這在貧窮家庭中的幼兒身上特別顯著）。報告最後提議採用某種「另類」詮釋，讓AMI的顧問們得以產生某種特技式的思考：「在病患們知道自己罹病之前，新陳代謝機制會改變，促進攝取更多脂肪與卡路里。或許在無意識之間，身體產生回應，並選擇較富有脂肪與卡路里的食物。這表示針對幼兒罹癌與食品關係的研究中，人們可將焦點放在癌症對攝食的影響，而不是放在食品對罹癌的影響上。」[68]

換句話說，如果食用含有亞硝酸鈉香腸的幼兒比其他人更容易罹癌，那不是因為硝製香腸引發癌症。或許，這是因為癌症讓人想吃更多香腸！為了守護生意，什麼解釋都不算太扭曲。我們可以永無止盡地擺弄這些可重組的優點與化妝術。只因為，對於受「化妝術士」（spin-doctor）引誘的心靈而言，並無所謂落敗可言：在不同的燈光底下，白的變成黑的，黑的也可以變成白的。但在這些科學的廢水管裡，總會有某些空虛而令人沮喪的事物浮游其中。不如微笑著想想某位知名的香腸與火腿愛好者，高康大（譯註：Gargantua，是法國經典名著《巨人傳》的主角之一，另一位主角龐大古埃〔Pantagruel〕之父。個性多話豪爽、食量驚人。作者拉布雷〔François Rabelais〕以其故事反映社會，諷刺當時的保守教會體制與教育制度。）他說過些什麼吧。他在硝製法出現之前，吃了多少的豬肉製品？他可會被那些「像抹布一樣的」火腿，加速生產的沙拉米臘腸，以及色澤亮麗的雜肉醬所欺？他是否會拿「滋味單純」的脆腸不停餵食搖籃中的龐大古埃？這恐怕很難說，因為拉布雷的眼光看得更遠：當龐大古埃成年，抵達巴黎求學時，古康大寄了一封信給他，其中抄寫的一句格言迄成經典：「智慧不入險惡的靈魂，而**無良的科學只是靈魂之墟**。」[69]

在高風險專業的長長列表中，[70]「出租科學家」們又加上了捍衛硝化豬肉製品這一條。豬肉製品業者們是否在此作出了正確的選擇？消費者們在見到由這些新傭兵兼職業反對家們所擔保的粉紅色火腿科學推銷術時，難道不會產生疑慮嗎？顧客們在超市中選擇灰白色火腿三明治或造假三明治時，不會因為粉紅色豬肉製品的說客在面對流行病學家和癌症學家時採取了註定失敗的策略，而感到憂心嗎？

說到最後，究竟是誰來決定？消費者們是否會無盡地繼續購買這些快速染色生產的豬肉製品？讓我們提出一個行銷學的考題吧：「某種在顧客關係的核心中置入謊言的商業活動能夠存活多久？」因為，在網際網路與社群網路的時代，要掩蓋硝化加工使豬肉製品毫無必要地產生致癌性一事，肯定會越來越複雜；要讓人相信「不可避免的肉毒桿菌毒素」，肯定會越來越昂貴；要讓顧客接受攝取粉紅色蛋白質必須以癌症風險作為代價的想法，也會越來越難以想像。在超市裡，消費者已經理解到，加工肉品要回歸到無硝酸鹽／亞硝酸鹽的「真正本質」，就算在工業生產上也是完全可能的。如果帕爾馬的醃肉業者能如此進行二十年，別人為什麼不行？當某些製造商已經推出不會致癌的火腿，誰還要一直購買硝化火腿？在意識到自己可以買到不採用化妝術的廠商生產出的無硝製香腸之後，有哪個父母還會繼續餵孩子吃具有危險性的熱狗腸？

難道法國豬肉製品業者看不見自己繼續與美國遊說團體站在一起的風險嗎？何以看不清，在今天，這種向前逃離的手段再無尊嚴可言？這種騙局也不再有效？終究必須拒絕這種「沒什麼好看的請離開現場」的策略，不是嗎？又如何能夠容忍，才只是不久前，法國豬肉製品業者曾拒絕所謂「美國方案」，並消除這些來自他方的染色─防腐劑？這場終將仳離的婚姻不代表某種恐美症候群。提醒大家：美國在世界上的獨特性，並不在於其飲食均衡概念、料理品質或美食傳統等，這麼說並不是為了侮辱這個民主大國。而聯合國教科文組織已將法國美食列為非物質性人類遺產之一；在芝加哥與威斯康辛州，硝化熱狗腸與火腿的工廠還未能有此殊榮。我們是否能想像，某間法國企業與美國遊說團體並肩作戰，同時還能誠懇地「加入『協助人們每天吃得更好』的戰役」[71]？

就像法國領導企業 Fleury-Michon 執行長最近所說的，「重新確立食品與健康之間的關係，現在正是時候」[72]。停用致癌添加物，並非遙不可及。二〇一七年初，這間位於萬代省的企業就指引出可行之路，在市場上推出兩種新的乾火腿產品，以法國豬肉製造，遵循傳統技術十個月熟成，不含任何硝化添加物。但目前在全數硝化加工的熟火腿產品上，則還未予以禁用。而我們應該歡迎這種措施，證明法國產業能夠接受挑戰，製造出不含詐欺成分的豬肉製品。

結論　真正的豬肉製品萬歲！

亞硝酸鹽用戶藉由主動忽視替代技術，以及假稱不靠硝化添加物就無法保證安全等方法來保護自己的利益。這不是什麼新竅門。在法國，近兩百年前，軍品供應商就成功地利用另一種恐懼來欺騙皇家單位。當時，由於水果與蔬菜短缺，水手們時常有維他命C不足的問題，他們的牙齒脫落、牙齦出血。這是恐怖的壞血病症狀，這種疾病曾害死探險家，使船夥大量死亡。在調查過程中，法國海軍總醫官驚訝地發現某些「桶裝肉品」的製造商使用一種含有染色劑（來自「茜草染料」）和明礬（硫化鉀）的泥料來醃製。這種令人噁心的奇怪產品能加速製造過程，並提高效益。但為了讓這種混合物獲得批准，精明的供應商們對外宣稱它具有防疫神效，因而必不可少，並假裝這是一種「抗壞血病醃料」，讓醃製肉品更為安全。一八二九年，海軍總醫官公開揭露這個遁詞：「這種混合物的名號，明白指出人們是在哪種特殊的前提下，才將它用在供應海軍的醃漬食品中……。我親眼看到了，在船艦的甲板上，最近才醃製的肉品裡，蓋著一層我猜想不到來源的粉料。那就是偽裝成抗壞血病醃料的膠質與茜草。」[1]

謊言的三條前線

今天，謊言更為複雜，也很明顯更為大膽。大腸直腸癌的流行病學，又讓硝化豬肉製品回到舞台之上。在一九七〇年代的「亞硝酸鹽戰役」之後四十年，美國與歐洲的肉品包裝業積極地讓一切正常運作：「為了保護消費者」，讓大家不要再多管亞硝酸鹽用戶的閒事。但這些騙子們沒有見到世界的改變。真正的豬肉製品業者將會意識到，他們是遭受到一小撮不擇手段守住舊有作業方法的業者，訴諸失去市場額度的恐懼而加以控制。衛生單位將會意識到自己已經受騙，在進行評估時所根據的研究工作，都是專為誤導所進行的。公眾將會發現，有一種系統性的造假策略正在運作，並用在三條前線上：一方面，否認致癌風險，並拖延理解時間；另一方面，盡可能遮掩硝化添加物的染色與加速生產功能；最後，搭建出一種「藉口」，亦即惡名昭彰的「肉毒桿菌中毒」，並搖晃這只稻草人，希望能讓大家相信罹癌風險只是一種得付出的代價，除此之外別無他法。而要食用火腿、香腸或臘腸，就必須任由製造商在其中積極注入神奇的添加物，唯一的缺點只是會讓食品致癌。在這三條線上，業者們大肆說謊。或許，這才是最令人驚訝的地方：並不存在著「一個」巨大的謊言——其實有三個。遊說人士們在癌症問題上欺騙公眾；他們在肉毒桿菌中毒風險上欺騙大眾；他們還對公眾隱瞞使用硝化添加物的真正理由。在這座紙牌屋裡，沒有什麼不可以。

本局終了

二〇〇三年，執掌法國食品衛生安全局Afssa（該單位於二〇一〇年改為法國食品、環境及職業衛生安全局Anses）的馬當・赫許（Martin Hirsch），在大西洋的另一邊評論了針對未警告顧客內容物風險的食品製造商們發起的第一波訴訟。赫許先生指出：「首先，受害者並沒有被告知早已通曉的風險，而那些販售危險物質的人們則知之甚詳。第二，上述人士完全認識到原因所在，但仍持續進行自知可致命的經濟活動，並因其顧客健康的損害而致富。」[2]馬當・赫許繼續表示：「這些訴訟能夠有效地迫使人們考慮，是否該不顧一切地維持某種不受認可的現象。這些爭議程序能將每位當事人都推出自己的壕溝，並禁止脫逃。所有這些司法行動只為了一個答案，而不管問題有多複雜：在整件事裡，是否有某人必須負起責任？」[3]

十九世紀，當豬肉製品硝製法廣為使用時，沒有人了解到硝化添加物能造成致癌性的代謝物產生。硝化豬肉製品的醜聞並非在於產品最初的缺陷，而是在豬肉製品業界沒能採取根本性的必要手段來矯正這個缺陷，儘管他們都已知道：數十年來硝化添加物能讓豬肉製品增加不必要的危害。醜聞存在於以往、現在和將來的疾病裡。醜聞存在於眼下遊說團體致使癌症學者噤聲的努力宣傳裡，存在於亞硝酸鹽用戶當今刊登在自己網站上的欺騙性資訊裡。醜聞在於硝製產品永無止盡的增長，取代了原來大有發展空間的乾淨豬肉製品。簡單地說，醜聞就在於這整堆的詭計與謊言之中。

但終有一天，風向必然會改變。在其著作《一個想不想要的問題》（*A Question of Intent*）裡，前FDA主管大衛・凱斯勒（David Kessler）博士，提及自己如何成功蒐集足夠證據，憑藉司法擊倒香菸商的遊說團體。這些製造商不只是因為推出具危險性的商品而被追訴，更重要的是**因為他們說謊**。藉由引用古羅馬詩人賀拉斯（Horace），凱斯勒寫道：「罪人先行或得優勢，而懲罰的步伐雖小卻必趕上。」[4]

當律師們用放大鏡檢驗豬肉製品業者的論點，自問為什麼某些人可以完全不用硝化添加物，但其他人卻不行時，會怎麼樣呢？這些律師是否會開始整理硝化肉品愛好者的案例？他們是否會為了原可避免的癌症而提出告訴要求補償？自從放入了缺陷與責任的概念後，各種有意思的法律視野就此打開。因為法國民法典中明載著，當某種產品

「不提供人們合理期待中的安全性」[5]時，即為不合格。若我們能證明，只要業者願意就可以製造出較不具危險性的豬肉製品的話，該為某些癌症負責的人會是誰呢？

TINA女神

一方面，畜牧業者遭遇了危機，由於肉品包裝業者向前逃離的行動逐漸強化肉品售價降低的壓力，賣價時常比成本更低。另一方面，則是市場對硝化豬肉製品恆常的癡迷。「永遠是場美妙的進化」，一個「枝葉繁盛的區塊」，這是農產食品專業雜誌《LSA》在二〇一五年十一月所做出的註腳。「隨著九十三%的滲透率與持續不斷的創新，粉紅色的肉片有著遠大的未來」[6]……「速成豬肉製品」的謊言，是否能部分解釋在這個看來總是走上反方向的產業裡的混亂？因為，致癌豬肉製品的醜聞，只會使畜牧業者面臨的危機雪上加霜。[7]在二〇一五年末，癌症問題登上報刊頭條之前，豬肉產業專家、經濟學家安湍．瑪季歐（Antoine Marzio）就直接了當地描述了潛藏在業界裡的黯淡前景。「如果只用普遍經濟模型考慮豬肉生產，將所有業界至少三十年來瘋狂追求的生產成本作為唯一指標，這難道不會把整個產業帶進死胡同嗎？」[8]瑪季歐指控：「所有組成分子，不論是直接行動者如畜牧業者、商業集團、屠宰切割業者，或是間接行動者如研究與協作組織、公家機關……都完全受制於經濟上短期求生的局勢，毫無戰略觀點。這種幾乎永無止盡的『短期主義』導致產生某種『豬肉專屬思考』，『沒有其他方案』。」[9]

「沒有其他方案」（There Is No Alternative），TINA。根據安湍．瑪季歐所論，這就是讓整個業界敬畏屈膝、犧牲敬拜的女神。頁復一頁，他描寫出一個僵化的體系，其中「沒有任何一個行動者想要決定並執行另類策略」；在其中，**保持現狀**的意願造就了業界對倫理的盲目。要在這個脈絡下，才能理解亞硝酸鹽用戶的否定之詞。在扮演鴕鳥的同時，他們其實展示出自己已經麻痺到什麼程度。然而癌症卻不會消失。只要豬肉製品注入了使其產生致癌性的添加物，就是對公眾健康造成問題。遊說團體的策略與他們不可勝數的詭計也都無濟於事。

尋回法國豬肉製品的傳統

業界在「建立信心」的前提下推出各種粉紅色的產品，卻欺騙了消費者的信心。或許更嚴重的是，它也騙了自己。在否認風險時，這個專業也將自己的未來抵押了出去。在為一個徹底轉向提高生產量的產業保衛短期獲利時，工業豬肉製品也失去了發展出能讓產品更為安全的「作業程序」。於是，法國的匠師與畜牧業者，或許正是遊說團體及其代表集團所採用操弄手段的首批受害者。

法國豬肉製品在這裡的角色特別吃重，無論是對於公眾健康或在經濟上自力求生皆然。因為廉價的豬肉製品非常容易複製——要怎麼跟來自巴西的新豬肉製品、波蘭的培根、烏克蘭的熱狗腸做出市場區隔呢？對安湍．瑪季歐而言，解決之道就是「價值提升」，好讓法國產品擺脫能輕易取代的外國肉品——因為這些產品都遵循同樣的生產方式。一旦簽下自由貿易條約後，法國的豬肉產業該怎麼競爭，而豬肉產業研究院 Ifip 甚至提到，如今美國每處肥育「農田」的平均豬隻數目達到了五千八百隻，能抵抗所有環境因素，還能大量使用抗生素與加速增長劑？[10]運輸成本也是，在歐洲出售的美國豬肉製品單位價格，始終比法國 Rungis 中央市場的價格更低，[11]因為後者已經低於能讓法國畜牧業者活得有尊嚴的價格水準。

如果法國豬肉產業不願認輸，就必須放棄自己和幾乎整個世界都沿用的、來自肉品包裝業者的「豬肉標準」。就像安湍．瑪季歐所說，必須找回食物的區隔、與土地的連結、美食的素質與附加價值。亦即，讓已經失去大部分畜牧業與醃製業，基本上只剩布列塔尼地區持續獲利的傳統豬肉製品生產區域（阿爾薩斯、奧維尼、佛朗區—康第等）「重新豬化」。這種策略性布局，與禁用致癌染紅劑並採行長期自然熟成的真正傳統豬肉製品，在視野上若合符節：「高品質的豬肉是：緩慢成長的當地品種、廣大的畜牧場、整塊農地、一種形象，以及在地產業轉型。」[12]關於癌症的醜聞，或許能帶來新的因素，更能激勵人們懷抱使命感投入「潔淨豬肉製品」與不加美化的醃製產業。*因為，與亞硝酸鹽用戶時常用以敲詐的就業謊言正好相反，無添加物的豬肉製品因為需要更多人工，業者其實正好能創造就業，也確實能累積財富。

火腿不是唯一的主角。犀利的《垃圾食品》（malbouffe）電視主持人尚－皮耶・克夫（Jean-Pierre Coffe）表示，「臘腸的衰落」使他眼角泛淚。「我堅信，對法國在豬肉製品界桂冠地位的破壞行為，是無可回復的。」[13]一九九二年，他在揭露長期熟成工法的消逝後如此寫道。他譴責業者的貪婪與某些豬肉製品業者的惰性：這一切讓他覺得是場陰謀，要將真正的乾臘腸替換成某種看似真品的加速產物（一位法國師傅非常正確地將其命名為某種「代用品」）[14]。弔詭的問題是，大腸直腸癌是否能激發臘腸界的文藝復興呢？讓我們再次提醒自己：只要人們小心從事，不遵循由添加物賣家出版的「手

＊ 位於艾非宏的布依蘇（Bouissou）家族（les trois pastres.com）、位於蒙托本的Clément Poujade（Piboul農場）、黑雍近郊的Olivier Laurençon（cote a cote.fr）、佛黑茲山間的貝爾（Béal）兄弟（Marcy地區的Gaec農場）等。在今天，人們親見一整個新世代的畜牧－加工業者湧現。他們重新發明了真正的法國豬肉製品，經營人力可及的畜牧業，以及不含硝化添加物的豬肉製品。

冊」和「論文」等，[15]透過最著名的法國技師之筆，我們發現，在製作乾臘腸時，「不可或缺的只有食鹽與胡椒，而硝石（或亞硝酸鹽）與含糖物質等則應被視為外加之物，用以美化外觀並簡化或縮短製造過程」[16]。

不靠添加物進行作業的豬肉製品業者常會提到，在以當代型態出現之前，英語培根（bacon）曾是法語中的古字。那麼，為了抵抗「加速醃製法」的化學家們，是否必須拿我們古時的「全豬大宴」來證明自己比伊利諾州和威斯康辛州實驗室的歷史更為久遠？或已經為時太晚？這盤棋的起步就錯了，而遊說團體正不斷推進手下的兵卒。本書前面曾經提到，美國亞硝酸鹽用戶甚至成功地翻轉了「豬肉製品」的定義，藉此將硝化添加物置入香腸與火腿概念的核心。不幸地，歐洲也沒能逃過這場化學家對豬肉製品的「打劫」。在這裡，亞硝酸鹽用戶也成功地在火腿上大作文章，直到這個字本身的意思都被改變。儘管在傳統上，「醃肉」意指利用食鹽保存的肉品，Efsa 卻認同了業界予以重新定義的冀望。這個歐盟單位背離傳統，偏袒美國，將硝化添加物強行塞入醃製程序的定義中。在一則針對亞硝酸鈉的科學意見書開頭，我們發現 Efsa 宣稱：「根據定義，『鹽醃肉產品』含有醃製用鹽，通常包括食鹽（氯化鈉）以及亞硝酸鹽或硝酸鹽。」[17]

就算沒有癌症的問題，這種掠奪也不堪聞問，因為它侵犯了歐洲的豬肉製品傳統。如同我們重提過無數次的：在帕爾馬，Efsa 總部所在地，醃製業者不再將硝化添加物用於他們著名的火腿中，數十年如一日，只為了回到傳統的工法。另外還要注意到，自從第一期起，法國豬肉製品業的《應用規範》（*Code des usages*）就明指帕爾馬的火腿醃製屏除一切硝化添加物：醃製「過程中只用市售食鹽」[18]。這樣一來，該怎麼接受Efsa對歐洲消費者的背叛，只為了滿足亞硝酸鹽用戶，便諭令如今「醃製」必須等於「硝製」呢？想像一下，如果只為了遊說團體的意願，「麵包」一詞就被重新定義呢？如果只為了幾間冷凍食品廠商，「魚」的意義就必須是「魚肉排」？或「牛肉」的意義被修改成「荷爾蒙牛肉」？既可恥又荒唐。該怎麼忍受豬肉製品這種文化寶藏被替換成致癌的複製品呢？

升起旗色，不必造假

這裡還得提到倫理上的責任。在今天，法國豬肉製品產業志在出口。可征服的市場非常巨大，中國是新的寶地：中國人幾乎不食用「熟食冷肉」這種豬肉製品（譯註：作者指的是與法國人食用量相比），但他們喜愛豬肉。「怎麼能忽略一個具備全球五十％的豬肉產量與消耗量的國家呢？」法國首屈一指的屠宰企業總裁如此強調。[19]業界的各個組織因而發起大型宣傳戰，向亞洲人民介紹豬肉製品的美味，並引入法國產品，使其更貼近當地的消費習慣。[20]法國總理就曾經自任法國豬肉製品大使，[21]另外，在專屬的網站上，[22]業界各大組織展示出誘人的照片，像是「生香腸」、「臘腸串」和「火腿貝殼麵」等。某些圖片呈現中世紀豬隻於森林放牧的景色，閃耀著令人起敬的品質與真實的傳統。但要說到完全的真實——如果製造方式並未改變——難道這些傳單不該加上訊息提醒，這些產品都被Iarc分類歸為最危險致癌物嗎？是否還要提及，WHO持續警告表示，致癌食品正往原本不攝取這類食品的人口加強擴散？[23]在北美、歐洲與澳洲之後，要是西方生活風格與飲食模式逐漸廣布發展中國家，罹癌人數恐將呈現爆炸性發展？[24]

二〇一五年五月，就在Iarc的五十周年慶時，其主管如是說：「在其存在的短短時間內，Iarc親身經歷了癌症的轉變。曾經只在富有的國家，如今已是世界性的問題。現在，三分之二死於癌症的病患位在較低發展的國家。我們知道這會變得更嚴重。未來二十年，年度新增的罹癌人數會從一千五百萬升至二千四百萬。而增加最多的，會是在發展程度最低的國家。」[25]

為什麼要繼續對這場災難做出貢獻，特別是在大腸直腸癌的專家們不斷建議採行真正的食品預防政策之時？流行病學家宣稱，在二〇三〇年，全球大腸直腸癌罹患人數，將達到每年新增二百二十萬例，引致一百一十萬人死亡。[26]歐洲豬肉製品產業正向全世界進軍，卻完全無意改變自己的做法，同時也完全清楚自己對這種疾病應負的責任。一個勁地教導韓國人與墨西哥人欣賞我們的臘腸，讓東南亞與非洲改吃豬腳、沙拉米臘腸與培根。但在最貧窮的國家裡，沒有內視鏡、沒有治療、沒有手術。與法國相比，直腸癌的診斷更常等於簽下了死亡證書。遠征世界的另一端，去販售我們知道能引發如此嚴重問題的產品，這真的對嗎？真的值得嗎？

由於法國豬肉製品在全球市場上的嶄新冒險才剛開始，何不販賣一些致癌可能性低而有市場區隔性的產品呢？何不拋棄那些假冒的「加速生產」豬肉製品呢？正因為那是未經開發的消費人口——我們將帶領他們發現「巴黎火腿」與「史特拉斯堡香腸」，何不趁此機會從一開始就用實在的產品來打開新的顧客群，提供豬肉製品的真正本色？

法國是美食的搖籃，收藏高水準飲食的寶盒，為何要隨著美國加工肉品業的調子起舞呢？或許，法國能夠挑戰從制高點指出明路，所產生的豬肉製品，不但美味可口，而且還不再是毒藥？

Ifip 豬肉產業研究院（又稱「Ifip－豬肉研究所」，法國）
Institut de la filière porcine（Ifip-Institut du porc）

Inra 法國國家農業研究院
Institut national de la recherche agronomique

FDA 美國食品藥物管理局
Food and Drug Administration

Fict 法國豬肉製品、熟食生產、肉品加工產業聯盟
Fédération française des industriels charcutiers, traiteurs, transformateurs de viandes

USDA 美國農業部
United States Department of Agriculture

WCRF 世界癌症研究基金
World Cancer Research Fund International

WHO 世界衛生組織（法文縮寫為 OMS）
World Health Organization

組織縮寫表

AMI 美國肉品協會（自 2015 年 1 月 1 日起改名為「北美肉品協會」NAMI ）
American Meat Institute

Anse 法國食品、環境及職業衛生安全局
Agence nationale de sécurité sanitaire de l'alimentation, de l'environnement et du travail

ACSH 美國科學與健康理事會
American Council on Science and Health

Cast 農業科學與技術理事會（美國）
Council for Agricultural Science and Technology

CSHPF 法國公共衛生高級諮議會（於 2004 年關閉，其關於食品問題的職權如今已移交給 Anses）
Conseil supérieur d'hygiène publique de France

CSPI 公共利益科學中心（美國）
Center for Science in the Public Interest

Efsa 歐洲食品安全局
European Food Safety Authority

Epic 歐洲癌症和營養前瞻性調查
European Prospective Investigation into Cancer and Nutritioin

Iarc 國際癌症研究中心（法文縮寫為 Circ）
International Agency for Research on Cancer

21 «Hollande, VRP de la charcuterie en Chine», <tempsreel.nouvelobs. com>, 26 avril 2013.

22 例見 <charcuterie de france.jp>, <charcuteriefromfrance. com>, <faguozhurouzhipin.com>.

23 Melissa Center et al., «International trends in colorectal cancer incidence rates», *Cancer Epidemiology Biomarkers and Prevention*, vol. 18, n° 6, 2009 ; Donald parkln, «International variation», *Oncogene*, n° 23, 2004.

24 David Stuckler et al., «Manufacturing epidemics: the role of global producers in increased consumption of unhealthy commodities including processed foods, alcohol, and tobacco», *PLoS Medicine,* vol. 9, n° 6, 2012.

25 Christopher Wild, «Iarc's global cancer research agenda to inform cancer policies», Iarc, Lyon, mai 2015.

26 Melina Arnold et al., «Global patterns and trends in colorectal cancer incidence and mortality», *Gut*, vol. 66, n° 4, 2016.

66 關於科學論述操控的聲量與結果，參見 Stéphane Foucart, *La Fabrique du mensonge*, Denoël, Paris, 2013.

67 David Klurfeld et Stephen kritchevsky, *Evaluation of Hot Dog Consumption and Childhood Cancer*, prepared for the American Meat Institute (sans date), disponible sur <www.industrydocuments. library. ucsf.edu> (document ago77d00).

68 同前註, p. 10. 直到今天，David Klurfeld 已在美國農業部裡擔任關鍵職位，但依舊保護著亞硝酸鹽用戶遊說團體的利益。Voir son interview par Sandrine Rigaud dans «Industrie agroalimentaire: business contre santé», *Cash Investigation*, France 2, septembre 2016.

69 François Rabelais, *Pantagruel*, 1534, chap VIII (本書引文中強調處為作者所加).

70 參見 S. Foucart, *La Fabrique du mensonge*, 同註 66, et D. Michaels, *Doubt is Their Product*, 同第 14 章註 32.

71 *LSA Commerce et Consommation*, 1er octobre 2015, p. 22.

72 «Aller plus loin pour développer les filières de qualité. Régis Lebrun, directeur général de Fleury Michon», *LSA*, 1er octobre 2015, p. 22.

結論

1 P. F. Keraudren, «De la nourriture des équipages...», 同第 2 章註 53, p. 366.

2 Martin Hirsch, postface à E. Schlosser, *Les Empereurs du fast-food*..., 同第 14 章註 1, p. 288-289.

3 同前註。

4 Horace (Odes, livre III, 2) 轉引自 David Kessler, *A Question of Intent: A Great American Battle with a Deadly Industry*, PublicAffairs, New York, 2001.

5 法國民法典第 1245-3 條，「不合格產品之責任」（Responsabilité du fait des produits défectueux）。注意，生產者可能對缺陷有責任，儘管產品是遵循既有規範製作亦同（1245-9 條）。

6 «La charcuterie poursuit sa lancée malgré les critiques», *LSA*, 5 novembre 2015, p. 50.

7 參見 «La filière porcine dans l'impasse», *LSA*, 27 août 2015.

8 Antoine Marzio, *La Filière porcine en France. Le porc français a-t-il un avenir?*, L'Harmattan, Paris, 2013, p. 12.

9 同前註, p.12 et p.155. Sur le dogme du «pas d'alternative», 亦見 l'analyse accablante de la sociologue Jocelyne Porcher (INRA) dans J. Porcher, *Cochons d'or. L'industrie porcine en question*, 同第 11 章註 4.

10 參見 «Doit on avoir peur du porc américain?» sur le site de l'Ifip Institut du porc: <ifip.asso.fr>.

11 同前註。

12 Antoine Marzio, «La crise porcine est toujours devant nous. Que pouvons nous faire?», *L'Usine nouvelle,* 18 septembre 2015.

13 Jean Pierre Coffe, *Au secours le goût,* Le Pré aux Clercs, Paris, 1992, p. 29.

14 S. Malandain et I. Peyret, *Éloge du saucisson*, 同第 2 章註 3.

15 許多硝化鹽的製造商都在進行出版活動。例如在法國，由 La Bovida 公司主管們撰寫並出版的手冊，長年來都是職業學校的重要參考資料（在學校，通常會建議採用硝製法）。

16 R. Pallu, *La Charcuterie en France*. Tome III, 同第 1 章註 7 , p. 113.

17 EFsa, «Opinion of the scientific panel on biological hazards...», 同序章註 34, p. 1.

18 *Code des usages en charcuterie*..., 同序章註 39, section V, p. 7.

19 Interview de Patrice Drillet, président de la coopérative Cooperl Arc Atlantique, *Porc Magazine*, n° 496, mars 2015, p. 6.

20 «Mondialisation: les charcuteries françaises face à l'ardente obligation d'exporter», *RIA*, 6 novembre 2015.

44 吉姆·托西曾任公務員，後轉任顧問。為菸草葉斡旋中可畏的戰術家。他的某些「反科學」操作已經相當知名。關於他在「資料水準法」（Data Quality Act）中的角色，參見：David Michaels et Celeste Monforton, «Manufacturing uncertainty: contested science and the protection of the public's health and environment», *American Journal of Public Health*, vol. 95, n° S1, 2005 (p. S44).

45 參見 Chris Mooney, «Paralysis by analysis. Jim Tozzi's regulation to end all regulation», *Washington Monthly*, mai 2004.

46 Lettre à Philip Morris International, «on our work on the nitrosamines issue» (document qnky0098).

47 例 見 ses démarches décrites dans «Reports on recent ETS and IAQ developments» (document jmph0143).

48 特別是蘇珊·普萊斯頓—馬丁 (Susan Preston-Martin) 南加州洛杉磯大學團隊的工作。例見 J.M. Peters et al., «Processed meats and risk of childhood leukemia», *Cancer Causes and Control*, vol. 5, 1994 ; S. Preston-Martin et al., «Maternal consumption of cured meats and vitamins in relation to pediatric brain tumors», *Cancer Epidemiology, Biomarkers and Prevention*, vol. 5, 1996.

49 參見 «Nitrosamines strategy paper» (document tnky0098) et «Proposal to deal with the forthcoming release...» (document yzjp0217).

50 «Proposal to deal with the forthcoming release...», 同前註 , p. 3.

51 同前註。

52 參 見 «Industrie agroalimentaire: business contre santé», *Cash Investigation,* France 2, septembre 2016.

53 WCRF, *Food, Nutrition, Physical Activity and the Prevention of Cancer,* 同序章註 29. (Recommandation n° 5: éviter la charcuterie).

54 Michael Pariza (université de Wisconsin Madison), cité dans «Study discounts cancer diet link», *Washington Post,* 16 mars 1981.

55 M. Pariza, «Smoked meats are safe, task force conclude», 8 janvier 1998 (disponible sur <www.news.wisc.edu>).

56 Betsy Booren (AMI/NAMI), citée par «Processed meats rank alongside smoking as cancer cause–WHO», *The Guardian*, 26 octobre 2015.

57 B. Booren citée par «Processed meats blamed for thousands of cancer deaths a year», *The Times*, 27 octobre 2015.

58 Amali Alahakoon et al., «Alternatives to nitrite in processed meat: up to date», *Trends in Food Science & Technology*, n° 1, 2015.

59 Jens Adler-Nissen et al., *Practical Use of Nitrite and Basis for Dosage in the Manufacture of Meat Products*, National Food Institute, Søborg, 2014.

60 同前註 , p. 8. 提到脆腸中亞硝酸鹽的「必要性」（以 Gerald Hustad 等人之名出版，但其實是一本由 Oscar Mayer 及其戰略夥伴共同寫就的作品）。

61 同前註 , p. 7, 關於硝化豬肉製品的歷史部分（以 Evan Binkerd 與 Olaf Kolari 之名出版，實際上，E. Binkerd 是 Armour 集團的主管，O. Kolari 則是該集團員工，曾在 AMI 轄下進行研究）。

62 同前註 , p. 9.

63 參見安德魯·密寇斯基關於由加州衛生安全主管機關，為回應意見書「表列本州已知可引發癌症之『與胺或氨化物結合的亞硝酸鹽』」所提「65 號提案」的通信。contribution d'A. Milkowski du 10 mars 2014, disponible sur le site de l' OEHHA (Office of Environmental Health Hazard Assessment) <www.oehha.ca.gov>.

64 Food Chain Evaluation Consortium, *Study on the Monitoring of the Implementation...*, 同序章註 24.

65 Mathias Girel, préface à R. Proctor, *Golden Holocaust. La conspiration des industriels du tabac*, 同註 23, p. I.

21 N. Bryan, «Dietary nitrite and nitrate: from menace to marvel», AMSA Reciprocal Meat Conference in Lubbock (Texas), juin 2010.

22 Deepa Parthasarathy et Nathan Bryan, «Sodium nitrite: the "cure" for nitric oxide insufficiency», *Meat Science*, vol. 92, 2012 (本書引文中強調處為作者所加).

23 *Agrodistribution*, n° 216, mai 2011, p. 6.

24 Renata Micha et al., «Response to letter regarding article», *Circulation*, n° 123, 2011, p. e17.

25 Betsy Booren, « Meat and poultry industry: the intersection between safety and health », présentation au Conseil des viandes du Canada, 30 mai 2013, p.55-68.

26 «Nitrite expert refutes review linking processed meats to health issues», *AMI Foundation News,* vol. 13, n° 2, avril 2011, p. 3 ; Nathan Bryan et al., «Ingested nitrate and nitrite and stomach cancer risk: an updated review», *Food and Chemical Toxicology*, n° 50, 2012.

27 B. Booren, «Meat and poultry industry: the intersection between safety and health», 同註 25, p. 63, 68.

28 «Myth: Nitrite in cured meat is linked to diseases like cancer» (disponible sur <www. meatmythcrushers.com>), consulté en mars 2017.

29 J. Ville et William Mestrezat, «Origine des nitrites contenus dans la salive ; leur formation par réduction microbienne des nitrates éliminés par ce liquide», *Compte rendu Société de biologie*, n° 63, 1907 ; 參見 Albert Mathews, «The pharmacology of nitrates and nitrites», dans Harry Grindley et Harold Mitchell (dir.), *Studies in Nutrition. An Investigation on the Influence of Saltpeter on the Nutrition and Health of Man with Reference to its Occurrence in Cured Meats,* University of Illinois, Urbana Champaign, 1918, p. 518-519.

30 Meat myth crushers, «Nitrite sources & benefits» (disponible sur <www.youtube.com>). Consulté en septembre 2016.

31 «Ask the meat science guy. Nitrite-cured meats, are they safe?», par Randy Huffman (disponible sur <www.youtube.com>), consulté en mars 2017.

32 Robert Proctor, *Golden Holocaust. Origins of the Cigarette Catastrophe and the Case for Abolition*, University of California Press, Berkeley, 2011, p. 168-169, p. 422 (trad. française: *Golden Holocaust. La conspiration des industriels du tabac,* Équateurs, Paris, 2014).

33 同前註,p. 450.

34 S. Mukherjee, *The Emperor of All Maladies*, 同註 1.

35 R. Proctor, *Golden Holocaust,* 同註 32, p. 279. Denialist這個美語詞彙很難翻譯。該書的法文譯者借用「大屠殺否認者」(négationniste)的名詞加以闡釋。

36 同前註, p. 274.

37 同前註, p. 340, p. 490.

38 例見 la campagne de presse autour de l'étude truquée «Hazleton» (documents lrnf0107, jlmf0116, jzyf0107, kzyf0107, hlmf0116, etc. sur <www.industrydocuments.library. ucsf.edu>).

39 Elisa Ong et Stanton Glantz, «Tobacco industry efforts subverting Iarc's second-hand smoke study», *The Lancet,* n° 355, 2000 ; Thomas Zeltner et al., *Tobacco Company Strategy to Undermine Tobacco Control Activities at the World Health Organisation*, OMS, Genève, 2000, p. 193-227.

40 Norbert Hirschhorn, «Shameful science: four decades of the German tobacco industry's hidden research on smoking and health», *Tobacco Control*, n° 9, 2000.

41 同前註。

42 例見 le mail «California nitrite issue-brief update» disponible sur <www. industrydocuments.library. ucsf. edu> (document kldf0157).

43 Marc Lifsher, «Cured meats could face warnings», *Wall Street Journal,* 24 mai 2000.

30 Jeffrey Sindelar et Andrew Milkowski, *Sodium Nitrite in Processed Meat and Poultry Meats: A Review of Curing and Examining the Risk or Benefit of Its Use*, AMSA （American Meat Science Association）, 2011.
31 «AMSA announces white paper on sodium nitrites in meat processing», disponible sur <www.provisioneronline.com>, 15 novembre 2011.
32 例 見 David Michaels, *Doubt is Their Product. How Industry's Assault on Science Threatens Your Health*, Oxford University Press, New York, 2008（sur les activités d'Exponent: p. 46）.
33 參見David Klurfeld具代表性的不同意論述：David Klurfeld, «Nitrite and nitrate in cancer», dans Nathan Bryan et Joseph loscalzo (dir.), *Nitrite and Nitrate in Human Health and Disease*, Humana Press, New York, 2011. Klurfeld是AMI的長期顧問. Voir «Oscar Mayer internal memo randum» (document gthj0223 sur <www.industrydocuments.library. ucsf.edu>).

第 15 章

1 Lewis Carroll, *De l'autre côté du miroir*, 轉引自 Siddharta Mukherjee, *The Emperor of All Maladies: A Biography of Cancer*, Scribner, New York, 2010.
2 參 見 Håkan Björne, *The Nitriteion: Its Role in Vasoregulation and Host Defenses*, Karolinska Institutet, Stockholm, 2005, p. 20； 可 參 Subcommittee of the Committee on Government Operations, *Regulation of Food Additives and Medicated Animal Feeds*, 同第 6 章註 40, p. 638.
3 Pork Checkoff, *Sodium Nitrite: Essential to Food Safety*, 同第 14 章註 16.
4 «Hot dog preservative could be new medication», <www.nbcnews.com>, consulté en octobre 2014.
5 同前註。
6 同前註。
7 «AMI Fact sheet: sodium nitrite, the facts», 同第 14 章註 23.
8 同前註。
9 <www.connaissezvosnitrites. com> (consulté le 20 avril 2015).
10 同前註。
11 «The nitrate and nitrite myth: another reason not to fear bacon», 5 octobre 2012 (disponible sur <www.chriskresser.com>).
12 同前註。
13 Anthony Butler, «Nitrites and nitrates in the human diet: carcinogens or beneficial hypotensive agents?», *Journal of Ethnopharmacology*, vol. 167, juin 2015 (本書引文中強調「或」字為作者所加).
14 Vivienne Lo et al., «Potent substances–An introduction», *Journal of Ethnopharmacology*, vol. 167, juin 2015.
15 *La France agricole*, n° 3478, 15 mars 2013, p. 41.
16 «Nitrates. De nombreux bénéfices avérés pour la santé (colloque medical)» (disponible sur <www.lafranceagricole.fr>), consulté en mars 2015.
17 例見 les livres de «réhabilitation» du béryllium décrits dans David Michaels, *Doubt is Their Product,* 同第 14 章註 32, p. 131-132.
18 «AMI Fact sheet: sodium nitrite, the facts», 同第 14 章註 23.
19 Nathan Bryan 轉引自 Trent loos, «Cured meats found to hold health benefits», <www.examiner.com> (consulté en octobre 2014).
20 Hong Jiang, Yaoping Tang et Nathan Bryan, «Dose and stage specific effects of nitrite on colon cancer», poster, 2010； 可 參 «Nitrite may inhibit early stage colon cancer cell progression, study finds» disponible sur <www. meatinstitute.org>.

2 «Most farm officials named, but Reagan to appoint more», *Nevada Daily Mail*, 29 janvier 1981, p. 3.
3 Alvin Lazen, «Diet, cancer and the American Meat Institute», *The Washington Post*, 10 juillet 1982.
4 M. Burros, «U.S. food regulation: Tales from a twilight zone», *New York Times*, 10 juin 1987.
5 例見 David Treadwell, «Up to 60% of cancer may be tied to diet, study says», *Los Angeles Times,* 17 juin 1982. 這項結果激起了豬肉製品業者們的同聲否定(A. Lazen, «Diet, cancer and the American Meat Institute», 同註 3).
6 Voir les menaces contre le rapport de 1982 de la National Academy of Science: Janet Neiman, «Food groups cry fool over cancer link data», *Advertising Age,* 21 juin 1982.
7 Voir ce qu'en disait le département des services de santé d'Arizona dans Committee on Agriculture, *Nutrition and Forestry, Food Safety: Where Are We?*, 同第 13 章註 25, p. 414.
8 Nitrite Safety Council, «A survey of nitrosamines in sausages and dry cured meat products», *Food Technology*, juillet 1980, p. 45 53.
9 Ralph Moss «The nitrite fiasco–look what's back in our hot dogs», The Nation, 7 février 1981 (cité d'après Michael Sweeney, «Whom can you trust? The nitrite controversy», dans Aaron Wildavsky (dir.), *But is it true?,* Harvard University Press, Cambridge, 1997.
10 R. Proctor, *Cancer Wars*, 同第 13 章註 30, p. 75 100.
11 同前註, p. 81 (本書引文中強調處為作者所加).
12 K. O. Honikel, «The use and control...», 同第 1 章註 18.
13 R. Pegg et F. Shahidi, *Nitrite Curing of Meat,* 同第 1 章註 35, p. 1 (本書引文中強調處為作者所加).
14 例 見 «Manitoba inspectors seize farm's award winning meats», CBC News, 30 août 2013 ; «Pilot mound prosciutto makers start over», disponible sur <www. anitobacooperator.ca>.
15 R. Proctor, *Cancer Wars*, 同第 13 章註 30, p. 10, p. 104.
16 Pork Checkoff, *Sodium Nitrite: Essential to Food Safety*, Des Moines (Iowa), 2012.
17 Joint WHO/FAO Expert Consultation, *Diet, nutrition and the prevention...*, 同序章註 28, p. 101.
18 Andrew Milkowski et al., «Nutritional epidemiology in the context of nitric oxide biology: A risk-benefit evaluation for dietary nitrite and nitrate», *Nitric Oxide,* n° 22, 2010, p. 114.
19 同前註, p. 117.
20 Nathan Bryan 轉引自 Trent Loos et Sarah Muirhead, «Cured meats beneficial», *Feedstuffs–The Weekly Newspaper for Agribusiness*, vol. 81, n° 29, juillet 2009, p. 3.
21 A. Lazen, «Diet, cancer and the American Meat Institute», 同註 3.
22 Pork Checkoff, *Sodium Nitrite: Essential to Food Safety*, 同註 16.
23 «AMI Fact sheet: sodium nitrite, the facts», disponible sur <www.info nitrites.fr>, *rubrique articles et études* (consulté en novembre 2016).
24 同前註,
25 Betsy Booren–vice présidente du North American Meat Institute (NAMI), nouveau nom de l'AMI–citée par «Processed meats rank alongside smoking as cancer cause–WHO», *The Guardian*, 26 octobre 2015.
26 例 見 «Special report: how the World Health Organization's cancer agency confuses consumers», *Reuters*, 18 avril 2016.
27 Randy Huffman (vice président de la fondation de recherche de l'AMI) cité dans «Experts dispute meat cancer link», disponible sur <www.porknetwork.com>, 17 janvier 2011 ; également dans «Experts cast doubts on the meat and cancer hypothesis» sur <www.meatinstitute.org>, 7 août 2008.
28 Pork Checkoff, *Sodium Nitrite: Essential to Food Safety,* 同註 16.
29 Page «special nitrit» sur <www.aula.at>, consultée en mai 2011. Aula Werk 持續經營，但網站似乎已消失。

53 同前註。

54 General Accounting Office, *Does Nitrite Cause Cancer?*, Washington, janvier 1980. 日後承認該報告是應愛荷華州參議員Grassley的明確要求而編寫 (voir Congressional Record, 30 avril 1981).

55 Victor Cohn «US agencies reject banning nitrite in cured meats», *Washington Post*, 20 août 1980.

56 Jere Goyan (FDA) 引自前註。

57 «Nitrites get a nod–at least for now», *Newsweek*, 1er septembre 1980, p. 62 ; «USDA and FDA issue joint statement on nitrite study», *USDA News*, 19 août 1980.

58 例見 : sénateur Grassley, *Congressional Record*, 14 décembre 1981.

59 James Martin dans Committee on Agriculture, *USDA/FDA Announcement on Nitrites and Related Issues*, U.S. GPO, Washington, 1980, p. 5-6.

60 «Nitrites get a nod–at least for now», 同註 57.

61 Paul Jacobs, «No link between nitrite in meat, cancer, US claims», *Los Angeles Times*, 20 août 1980, p. 26.

62 Committee on Agriculture, *USDA/FDA Announcement on Nitrites and Related Issues*, 同註 59, p. 14-15.

63 Karen de Witt, «U.S. will not seek to ban nitrite from foods as a cause of cancer», *New York Times*, 20 août 1980.

64 Sydney Butler (USDA) cité dans V. Cohn «US agencies reject banning nitrite in cured meats», 同註 55.

65 Sydney Butler (USDA) cité dans «Nitrites get a nod–at least for now», 同註 57.

66 «Nitrites get a nod–at least for now», 同註 57.

67 J. Goyan (FDA) cité dans «Nitrites get a nod–at least for now», 同註 57.

68 V. Cohn, «US agencies reject banning nitrite in cured meats», 同註 55; «Study fails to link nitrites to cancer ; US doesn't plan ban of preservative», *Wall Street Journal*, 20 août 1980.

69 Voir l'audition de Harry Mussman (USDA) dans Committee on Small Business, *Food Additives: Competitive, Regulatory, and Safety Problems*, 同第 11 章註 12, p. 717, 720-721.

70 Audition du Dr Virgil Wodicka (directeur, Bureau of Foods, FDA) dans Subcommittee on Public Health and Environment, *FDA Oversight–Food Inspection*, 同第 10 章註 29, p. 10 (本書引文中強調處為作者所加).

71 關於美國針對硫化添加物的抗癌規範(«Clause Delaney»)如何難以實施的問題概觀，參見Expert Panel on Nitrites and Nitrosamines, *Final Report*..., 同序章註 45, en particulier p. 25, 101, 104-105, etc. ; 另 見 Committee on Government Operations, *Regulation of Food Additives–Nitrites and Nitrates,* 同第 10 章註 16.

72 R. Hall, «The great nitrite scandal», 同第 12 章註 34, p. 94.

73 若要了解在這稱為「祖父條款」(grandfather clause)的排除條款上產生的辯論，例見：Expert Panel on Nitrites and Nitrosamines, *Final Report*..., 同序章註 45, p.104-105 ; Committee on Government Operations, *Regulation of Food Additives–Nitrites and Nitrates*, 同第 10 章註 16.

74 要了解硝化添加物如何受益於GRAS地位，司法「鎖定」的力量有多大，例見Tamm法官判例，631 F.2d 969, «Public citizen vs Carol Tucker Foreman» (1980), disponible sur <law.ressource.org>.

第 14 章

1 Eric Schlosser, *Fast Food Nation, the Dark Side of the All-American Meal*, Perenial/HarpersCollins, New York, 2001, éd. française: *Les Empereurs du fast-food. Le cauchemar d'un système tentaculaire*, Autrement, Paris, 2003, p. 206.

24 S. Krut (American Association of Meat Processors), dans Subcommittee on Dairy and Poultry, *Nitrite Restrictions on Poultry*, 同第 11 章註 27, p. 170.

25 Theodore Labuza, «Food additives. Novelty or necessity», dans Committee on Agriculture, Nutrition and *Forestry, Food Safety: Where Are We*?, U.S. GPO, Washington, 1979, p. 314.

26 Th. Labuza, «The risks and benefits of our food supply», 同前註, p. 328.

27 Charles Nyberg (Hormel), «Sola dosis facit venenum (Only the dose makes the poison)», reproduit dans *Congressional Record–Extensions of Remarks*, 14 septembre 1979.

28 同前註。

29 Voir Peter Harnik, *Voodoo Science, Twisted Consumerism. The Golden Assurances of the ACSH*, CSPI, Washington, 1983.

30 Robert Proctor, *Cancer Wars. How Politics Shapes What We Know and Don't Know About Cancer*, BasicBooks, New York, 1995.

31 Interview de E. Whelan par Marjorie Rice, «Stop banning things atthedropofarat», *NewYork Newsworld*, 24 novembre 1979.

32 同前註。

33 E. Whelan, dans «Caution about precautions», *Youngstown Vindicator*, 29 août 1978.

34 例見 E. Whelan, «The shopping bag diet», *ACSH News & Views*, septembre octobre 1985, p. 14-15.

35 «Caution about precautions», 同註 33.

36 同前註。

37 關於威棱捍衛其他致癌物的問題，參見 R. Proctor, *Cancer Wars*, 同註 30, 特別是 p. 91, 128, 150。特別注意其作品中關於釋放致癌物的業者們如何發展出「不理性恐懼」的概念，如「石棉恐慌」、「輻射恐懼症」等。

38 «Bacon, hamburgers and cancer. Bacon: new rules for chemicals», *Washington Star*, 16 mai 1978.

39 請參閱此技術的基本專利：C. Hollenbeck, «Curing of meat», 同第 1 章註 38；可參以下言論：R. Pegg et F. Shahidi, *Nitrite Curing of Meat*, 同第 1 章註 35, p. 12.

40 Richard Lyng interviewé par J. Winski, «It's cost versus health risk...», 同第 11 章註 23, p. 4 (本書引文中強調處為作者所加).

41 Robert Bogda, «U.S. bacon industry seems to have won nitrite battle with federal regulators», *The Wall Street Journal*, 21 juin 1978.

42 Betty Stevens (National Provisioner), citée par R. Bogda, «U.S. bacon industry seems...», 同前註.

43 Richard Lyng, 轉引自 R. Bogda, «U.S. bacon industry seems...», 同前註.

44 «Statement on nitrites», FDA/USDA, 11 août 1978.

45 R. Bogda, «Most pork-belly futures...», 同第 1 章註 56.

46 Motions ou projets de lois: H.R.13899 (16 août 1978), H.R.14213 (2 octobre 1978), H.R.563 (15 janvier 1979), H.R.1818 (1er février 1979), H.R. 1879 (2 mai 1979), etc.

47 Déclaration du représentant Martin, «UPI unearths secret plan at Agriculture and FDQ to ban nitrite», *Congressional Record–House*, 17 août 1978.

48 «Capitol comment», *Farmers Weekly Review*, vol. 57, n° 15,21 septembre 1978, p. 4. Sur la même ligne, 例見：S. Krut (American Association of Meat Processors), dans Subcommittee on Dairy and Poultry, *Nitrite Restrictions on Poultry*, 同第 11 章註 27, p. 170.

49 Lynne Olson, «Califano, Bergland ask delay on nitrites ban», The Sun, 31 mars 1979, P. A16.

50 Bob Bergland cité dans «Congress asked to delay nitrites control but to approve phase out of use in food», *Wall Street Journal*, 2 avril 1979, p. 12.

51 «Government asks delay in elimination of nitrites», *New York Times,* 31 mars 1979, p. 6.

52 Ellen Haas citée par L. Olson, «Califano, Bergland...», 同註 49.

40 Expert Panel on Nitrites and Nitrosamines, *Final Report on Nitrites...*, 同序章註 45, p. 39.
41 同前註, p. 50.
42 M. Jacobson, «Statement to USDA's expert panel...», 同第 11 章註 14.

第 13 章

1 *Opinion of the Attorney General of the United States*, vol. 43, opinion n° 19, 30 mars 1979, p. 12 (disponible sur <www.industrydocuments.library. ucsf.edu>, référence gzxj0060).
2 «Nitrates and nitrites in meat products. Statement of policy, request for data», *Federal Register*, vol. 42, 18 octobre 1977.
3 AMI, «Statement», *Extensions of Remarks–House,* 6 avril 1978.
4 Voir l'audition de Marvin Garner, vice président du National Pork Producers Council, dans Subcommittee on Agricultural Research and General Legislation, *Food Safety and Quality–Nitrites*, 同第 2 章註 10, p. 67.
5 Audition de S. Krut (American Association of Meat Processors), 同第 11 章註 27, p. 81.
6 同前註。
7 Richard Lyng (AMI) interviewé par J. Winski, «It's cost versus health risk...», 同第 11 章註 23, p. 4.
8 Député Kelly dans Subcommittee on Dairy and Poultry, *Nitrite Restrictions on Poultry*, 同第 11 章註 27, p. 17.
9 R. G. Cassens et al., «The use of nitrite in meat», *BioScience*, Vol. 28, No. 10, octobre 1978, p. 633. Les termes «cosmétique» *(cosmetic)* et «encodés» *(coded)* sont dans le texte original.
10 Richard Lechowich et al., *Nitrite in Meat Curing: Risks and Benefits*, Council for Agricultural Science and Technology, Ames, 1978.
11 R. G. Cassens et al., «The use of nitrite...», 同註 9, p. 633.
12 M. Hayenga et al., The U.S. Pork sector..., 同第 11 章註 2, p. 99-102. 亦見 U.S. Department of Agriculture, *An Analysis of a Ban on Nitrite Use in Curing Bacon*, USDA, Washington, mars 1979.
13 Victor Mcelheny, «The controversy over nitrites in meats», *New York Times*, 15 mars 1978.
14 Keith Wilkins, «Nitrite and cured meat: a red hot issue», 同第 11 章註 25.
15 Aaron Wasserman et Ivan Wolff, «Nitrites and nitrosamines in our environment: an update», USDA, Philadelphia, 1979.
16 R. Lechowich (Cast) dans Subcommittee on Agricultural Research and General Legislation, *Food Safety and Quality–Nitrites*, 同第 2 章註 10, p. 57-58.
17 例見 la communication du rapport CAST par le représentant Wampler: «Nitrite in meat curing: risks and benefits. Part I», *Congressional Record–House*, 7 mars 1978.
18 S. Krut (American Association of Meat Processors), dans Subcommittee on Dairy and Poultry, *Nitrite Restrictions on Poultry*, 同第 11 章註 27., p. 170.
19 R. Lechowich (Cast), Subcommittee on Agricultural Research and General Legislation, *Food Safety and Quality–Nitrites*, 同第 2 章註 10, p. 57-58, p. 62 (本書引文中強調處為作者所加).
20 Par exemple Boston Brisket Co., Boston ; sur le corned beef gris, voir Linda Bock, «Red or gray», *Telegram* (Worcester, Ma.), 16 mars 2009.
21 Voir l'audition du sénateur Luger (p. 56) et de Marvin Garner, vice président du National Pork Producers Council (p. 68), dans Subcommittee on Agricultural Research and General Legislation, *Food Safety and Quality–Nitrites*, 同第 2 章註 10.
22 E. Van den Corput, *Du poison qui se développe dans les viandes...*, 同第 8 章註 42. (voir chapitre 8).
23 Audition de Carol Tucker Foreman (USDA) dans Subcommittee on Agricultural Research and General Legislation, *Food Safety and Quality–Nitrites*, 同第 2 章註 10, p. 162.

15 «National Pork Producers Council et al. vs Bergland et al.» (No 80 1229, jugement du 23 septembre 1980), *United States Attorneys Bulletin*, vol. 28, n° 22, 24 octobre 1980, p. 764.

16 有無硝化添加物的不同製造技術的比較例見Daniel Gray et L. W. Summers, *Curing Meat on the Farm*, Alabama Polytechnic Institute, Auburn, 1912, p. 202.

17 Carl Dunker et Orville Hankins, *A Survey of Farm Meat-Curing Methods*, USDA, Washington, 1951, p. 2, 3, 6.

18 同前註, p. 2 et 6.

19 Dr Clayton Yeutter (administrateur, ministère de l'Agriculture) dans Subcommittee of the Committee on Government Operations, *Regulation of Food Additives and Medicated Animal Feeds*, 同第 6 章註 40, p. 388.

20 Gail Dack, «Characteristics of botulism outbreaks in the United States», University of Chicago (s.d.), reproduit dans Subcommittee of the Committee on Government Operations, *Regulation of Food Additives and Medicated Animal Feeds*, 同第 6 章註 40.

21 Subcommittee of the Committee on Government Operations, *Regulation of Food Additives and Medicated Animal Feeds*, 同第 6 章註 40, p. 383.

22 Audition de William Lijinsky (National Cancer Institute) dans Committee on Small *Business, Food Additives: Competitive, Regulatory, and Safety Problems*, 同第 11 章註 12, p. 641.

23 Audition de R. Lechowich (CAST) dans Subcommittee on Agricultural Research and General Legislation, *Food Safety and Quality–Nitrites*, 同第 2 章註 10, p. 53.

24 Paul Newberne cité dans Philip Hilts, «The day bacon was declared poison», *Washington Post Magazine*, 26 avril 1981.

25 Committee on Agriculture, *Amend the Meat Inspection Act*, Washington, 1967.

26 «Still a jungle», *New York Times*, 16 novembre 1967; «Compromised meat», *New York Times*, 21 novembre 1967, reproduit dans *Congressional Record*, 27 novembre 1967.

27 Voir *Congressional Record–Senate*, 3 août 1967; Congressional Record, 27 novembre 1967.

28 Rapport d'inspection, 21 septembre 1962, *Congressional Record–Senate*, 31 octobre 1967.

29 Rapports du Dr J. Klein et de l'inspecteur Ruben Baumgart reproduits dans *Congressional Record–Senate*, 31 octobre 1967.

30 Voir l'intevention du sénateur Mondale, *Congressional Record–Senate*, 27 novembre 1967.

31 例見 *Congressional Record–Senate,* 3 août 1967; *Congressional Record–Senate,* 27 novembre 1967.

32 Voir le rapport de l'inspecteur R. Baumgart reproduit dans *Congressional Record–Senate*, 31 octobre 1967.

33 在 1978 年 9 月的參議院聽證會上，全國豬肉生產商理事會副總裁指出，約有 75%-80% 的產量都掌握在巨型肉品業者手中。參見Marvin Garner 在委員會聽證時的報告：Sbcommittee on Agricultural Research and General Legislation, *Food Safety and Quality–Nitrites,* 同第 2 章註 10, p. 69.

34 Ross Hall, «The great nitrite scandal», *En-Trophy Institute Hamilton*, Ontario, vol. 2, n° 1, repris dans *The Ecologist,* vol. 9, n° 3, mai juin 1979, p. 96.

35 Expert Panel on Nitrites and Nitrosamines, *Final Report on Nitrites and Nitrosamines*, 同序章註45, p. 90.

36 同前註。

37 M. Jacobson, «Statement to USDA's expert panel...», 同第 11 章註 14.

38 Dr R. Greenberg (Swift), dans Expert Panel on Nitrites and Nitrosamines, *Final Report on Nitrites...*, 同序章註 45, p. 93.

39 同前註, p. 96.

48 Académie nationale de Médecine, *Rapport. Au sujet du sel nitrité,* 同第 7 章註 50.
49 Lettre de la Fédération nationale de l'industrie de la salaison, de la charcuterie en gros et des conserves de viandes au ministère de l'Agriculture, 4 juin 1963, 同第 6 章註 28.
50 Confédération de la charcuterie de France et de l'union Française, *Manuel de l'apprenti charcutier*, 同第 1 章註 5, p. 124.
51 同前註 , p. 154, 157. 在同一部作品中，除了刊有食物中毒的列表外，還提到法國豬肉製品業界裡，並無肉毒桿菌中毒事件 (p. 78)。文本中也不曾提到硝化添加物與抗肉毒桿菌的效用之間有任何關聯。
52 同前註 , p. 125.
53 例 見 en 1971 dans R. Pallu, *La Charcuterie en France*. Tome I: *Généralités, charcuterie crue*, 同第 1 章註 20, p. 145. Dans le même sens, «Session d'étude sur les produits de la salaison et de la charcuterie», rapport de monsieur Niel (Laboratoire central de Massy) suite à un séminaire tenu à l'école vétérinaire de Lyon, 9-13 octobre 1972 (國家檔案).
54 根據 National Academy of Science 的報告，最早提到亞硝酸鈉具有抗肉毒桿菌作用的作者是 P. Steinke 和 E. Michael Foster (université de Wisconsin à Madison). Maclyn Mccarty et al., *The Health Effects of Nitrate, Nitrite and N-nitroso Compounds*, vol. 2, National Academy Press, Washington, 1982, p. 2-10.
55 Sur le «Committee of Food Protection» et les accusations de conflits d'intérêts, voir: Select Committee on Nutrition and Human Needs, *Nutrition and Human Needs.* Part 4C-Food Additives, 同第 10 章註 31, p. 1565, 1679-1681, 1726.
56 參見 M. Hayenga et al., *The U.S. Pork Sector...*, 同註 2, p. 48-50.

第 12 章

1 例見 R. Kelly, «Processing meat products without nitrates or nitrites», *Food Product Development*, octobre 1974.
2 Robert Lenahan et Clark Burbee, *Regulatory Impact Statement: Nitrate and Nitrite, National Economics Division Staff Report*, USDA, Washing ton, 1979, p. 2.
3 Robert Gunn et William Terranova, «From the Center for Disease Control. Botulism in the US 1977», *Reviews of Infectious Diseases*, n° 4, 1979, p. 723. 亦 見 Committee on Small Business, *Food Additives: Competitive, Regulatory, and Safety Problems*, 同第 11 章註 12, p. 800-808.
4 Marrian Burros, «Nitrites, nitrates in meat products targeted by US», *Washington Post,* 1er septembre 1977.
5 Paul Ingrassia, «Meats without nitrites could be labeled conventionally in change mulled by U.S.», *Wall Street Journal*, 12 septembre 1978.
6 R. Kelly, «Processing meat products without nitrates or nitrites», 同註 1.
7 J. Blitman, «Food and health experts warn against bringing home the bacon», 同第 11 章註 8, p. 42.
8 Britton Central School District, 引 自 Subcommittee on Dairy and Poultry, *Nitrite Restrictions on Poultry*, 同第 11 章註 27, p. 13.
9 «The urgent drive for nitrite substitute», *Business Week*, 11 septembre 1978.
10 «Ray Kennedy: the rebel meatpacker», *Esquire*, novembre 1976, p. 144. 亦見 M. Burros, «Controversial decision...», 同第 11 章註 45.
11 P. Ingrassia, «Meats without nitrites could be labeled...», 同註 5.
12 Audition de Carol Tucker Foreman (USDA), dans Subcommittee on Agricultural Research and General Legislation, *Food Safety and Quality–Nitrites*, 同第 2 章註 10, p. 162.
13 Audition de Bill Schultz, 同前註 , p. 85.
14 «Cites Carol Foreman's proposed nitrite free meat products a health hazard», *Congressional Record–House*, 25 mai 1978, p. 15464.

18 Iarc, *Environmental N-nitroso Compounds Analysis and Formation*, Iarc, Lyon, 1975.

19 Iarc, *Some N-nitroso compounds, Iarc monographs,* vol. 17, Lyon, 1978.

20 William Lijinsky, «Possible formation of N-nitroso compounds from amines and nitrites», *Second International Symposium Nitrite Meat Products,* Zeist, Pudoc, Wageningen, 1976.

21 Woodrow Aunan et Olaf Kolari (AMI Foundation), «Functions of nitrite in cured meats», 33rd Annual Meeting IFT Symposium: Nitrate, Nitrite and Nitrosamines, Miami, juin 1973, p. 3.

22 同前註, p. 4 ss.

23 Anita Johnson interviewée par Joseph Winski, «It's cost versus health risk as nitrite debate heats up», *Chicago Tribune,* 26 novembre 1978, p. 3.

24 John Birdsall (AMI) 轉引自 Mary Mckenzie, «Nitrite additive in meat», dans Subcommittee on Agricultural Research and General Legislation, *Food Safety and Quality–Nitrites*, 同第 2 章註 10, p. 162.

25 Richard Lechowich (CAST) 轉引自 Keith Wilkins, «Nitrite and cured meat: a red hot issue», *Virginia Tech*, 1978.

26 R. Lechowich dans Subcommittee on Agricultural Research and General Legislation, *Food Safety and Quality–Nitrites,* 同第 2 章註 10, p. 57-58, p. 63.

27 Audition de Stephen Krut (American Association of Meat Processors) , dans Subcommittee on Dairy and Poultry, *Nitrite Restrictions on Poultry,* U.S. GPO, Washington, 1978, p. 170.

28 同前註。

29 引自 *Congressional Record-Senate,* 30 avril 1981, p. 4276.

30 例見 Albert Leach, *Food Inspection and Analysis*, 4e éd., Wiley, New York, 1941, p. 222.

31 同前註。

32 同前註, p. 18.

33 *The Scientific Meat Industry*, Heller, Chicago, juin 1904, vol. 1, n° 1, p. 11.

34 可特別參看：Robert Eccles, *Food Preservatives, their Advantages and Proper Use*, Van Nostrand, New York, 1905. R. Eccles 的立場位於肉品包裝業者的防線正中央：R. Eccles, «The consumer's interest in food preservatives», *National Provisioner,* octobre 1907, et R. Eccles, «The preservative situation», *National Provisioner*, octobre 1908.

35 «Credit where it is due», *National Provisioner*, 12 mars 1904, p. 27.

36 C. Howard (New Hampshire Board of Health), «Meat «improvers»», *Health*, 1936.

37 Mildred Maddocks, *The Pure Food Cook Book*, Hearst, New York, 1914, p. 189.

38 *56th Report on Food Products,* Connecticut Experiment Station, New Haven, 1953, p. 31-32.

39 William Longgood, *The Poisons in Your Food,* Simon & Schuster, New York, 1960, p. 162-163.

40 M. Jacobson, *Don't Bring Back the Bacon*, 同第 10 章註 32, p. 8 (本書引文中強調處為原文所有).

41 «Need for nitrites in meat to prevent botulism questionable», dans Committee on Government Operations, *Regulation of Food Additives–Nitrites and Nitrates*, 同第 10 章註 16, p. 11.

42 Congressman L.H. Fountain's Intergovernmental Relations Subcommittee, cite par H. Gardner, «Sowbelly blues...», 同第 1 章註 55, p. 142.

43 *Congressional Record, Extensions of remarks*, 2 mars 1972, p. 6749.

44 «Household worries», *Newsweek*, 31 oct. 1977, p. 109.

45 Marian Burros, «Controversial decision on bacon safety», *Washington Post,* 16 déc. 1976.

46 H. Gardner, «Sowbelly blues...», 同第 1 章註 55, p. 114.

47 硝化添加物的殺菌效果總會受到特別強調：在不衛生的包裝工廠裡，業者找到了抵抗希瓦氏腐敗菌與 Bacillus foedans（見第 3 章）的便宜方案。在 1930 與 40 年代，許多人注意到硝化產品能延遲包括梭菌在內的許多菌種孳生。在研究這些硝化添加物對多種魚類變質時所產生細菌的作用時（見第 10 章），一位生物化學家發現亞硝酸鹽對肉毒桿菌同樣有效 (H. Tarr, «The action of nitrites on bacteria», 同第 10 章註 28)，並提及這類添加物是為了讓肉類能出現某種「讓成品看來更吸引人的色澤」(H. Tarr, «Bacteriostatic action of nitrates», *Nature*, vol. 147, avril 1941, p. 418).

32 Subcommittee of the Committee on Government Operations, *Regulation of Food Additives and Medicated Animal Feeds*, 同第6章註40, p. 557-558 ; Michael Jacobson, *Don't Bring Back the Bacon. How Sodium Nitrite Can Affect Your Health,* CSPI, Washington, 1973, p. 31-32.
33 Roy Morton (National Fisheries Institute) 轉引自 M. Jacobson, *Don't Bring Back the Bacon*, 同前註, p. 32 33. 亦見 Subcommittee of the Committee on Governent Operations, *Regulation of Food Additives and Medicated Animal Feeds*, 同第6章註40, p. 560.
34 D. Hattis, «The FDA and nitrate», 同註31, p. 1716.
35 同前註。
36 Dr Delphis Goldberg, dans Subcommittee of the Committee on Government Operations, *Regulation of Food Additives and Medicated Animal Feeds*, 同第6章註40, p. 561.
37 Morton Mintz, «FDA says it erred on nitrite hazard», *Washington Post*. Reproduit en facsimilé dans M. *Jacobson, Don't Bring Back the Bacon*, 同註32.
38 Committee on Government Operations, *Regulation of Food Additives-Nitrites and Nitrates*, 同註16, p. 16-17, p. 19.
39 Elinor Ravesi, «Nitrite additives harmful or necessary?», *Marine Fisheries Rev.*, vol. 38, n° 4, 1976, p. 28.
40 USA vs Nova Scotia Food Products Corp., 568 F. 2d 240 (2d Cir. 1977).

第11章

1 «Do we make carcinogens from nitrites we eat?», *Medical World News*, 10 avril 1970, p. 18 19.
2 參見 Marvin Hayenga et al., *The U.S. Pork Sector*, Changing Structure and Organization, Iowa State University Press, Ames, 1985, p. 23.
3 同前註。
4 關於豬種在肉品產業製程技術影響下的轉變，參見 Jocelyne Porcher, *Cochons d'or. L'industrie porcine en question*, Quae, Versailles, 2012.
5 «Meat color additive linked to cancer», *Washington Post*, 17 mars 1971.
6 «Health warning on meat cosmetic», *Washington Daily News*, 16 mars 1971.
7 «Cured meats yield cancer causatives», *Washington Evening Star,* 6 février 1972.
8 Leo Freedman 轉引自 Judy Blitman, «Food and health experts warn against bringing home the bacon», *New York Times,* 8 août 1973, p. 42.
9 Max Brunck, «Pork demand in 1980 impact of economic and social changes», et Earl Butz, «An optimist looks at the swine industry», dans Robert Schneidau et Lawrence Duewer (dir.), *Vertical Coordination in the Pork Industry*, Avi Publishing, Westport, 1972, p. 5.
10 John Romans, «Factual look at bacon scare», *Farmers Weekly Review*, 20 novembre 1975, p. 3.
11 H. Gardner, «Sowbelly blues...», 同第1章註55, p. 142.
12 le courrier reproduirt dans Committee on Small Business, *Food Additives: Competitive, Regulatory, and Safety Problems*, U.S. GPO, Washington, 1977, p. 864-865.
13 要到1977年，此委員會才終於向獨立專家與消費者協會代表科學家們開放。參見 *Congressional Record-Senate* 19 décembre 1975（p. 1-2）, 28 janvier 1976 (p. 1-2).
14 Michael Jacobson, «Statement to USDA's expert panel on nitrites and nitrosamines», 10 décembre 1975, *Congressional Record–Senate*, 19 décembre 1975.
15 Marian Burros, «Meat official reports carcinogens in bacon», *Washington Post,* 11 octobre 1975.
16 同前註。
17 Nrisinha Sen et al., «Nitrosamines in cured meat products», *Iarc Scientific Publications*, vol. 14, 1976, vol. 14, p. 333-342.

10 參 見 Hans Huss et al., «Control of biological hazards in cold smoked salmon production», *Food Control*, vol. 6, n° 6, 1995, p. 335 340 ;S. Gilbert et al., *Risk Profile: Clostridium...*, 同註 6.
11 參見B. Tompkin, «Nitrite», 同註 8, p. 210 -211.
12 例 見 le cas de producteurs du Groenland: Nauja Moller, «Grønlandsk firma bag nitrit skandale», KNR radio Toqqaan nartoq, Maajip 06 at 2010.
13 參 見 Anthony Rowley (dir.), *Les Français à table. Atlas historique de la gastronomie française,* Hachette, Paris, 1997, p. 32-33.
14 Ch. Stevenson, *The Preservation of Fishery Products,* 同第 3 章註 6, p. 557-563.
15 Mémorandum de réunion FDA publié dans Subcommittee of the Committee on Government Operations, *Regulation of Food Additives and Medicated Animal Feeds*, 同第 6 章註 40, p. 393.
16 Committee on Government Operations, *Regulation of Food Additives-Nitrites and Nitrates, Nineteenth Report*, U.S. GPO, Washington, 1972, p. 13-14. L'opposition résolue de la FDA est détaillée dans Subcommittee of the Committee on Government Operations, *Regulation of Food Additives and Medicated Animal Feeds*, 同第 6 章註 40, p. 210-212.
17 Audition du *commissioner* Georges Larrick dans Subcommittee of the committee on Interstate and Foreign commerce, *Food Additives*, U.S. GPO, Washington, 1958, p. 449.
18 同前註 , p. 450.
19 Lettre de la FDA à Norman Armstrong Ltd., 9 septembre 1959, National Archives and Record Administration, FDA General Subject Files 1924-1978.
20 Lettre de la FDA à Otten's Meat Curing Supplies, 23 décembre 1957, National Archives and Record Administration.
21 Lettre de la FDA à USDA, 23 décembre 1957, National Archives and Record Administration.
22 參 見 Subcommittee of the Committee on Government Operations, *Regulation of Food Additives and Medicated Animal Feeds,* 同第 6 章註 40, p. 215.
23 Audition du *commissioner* Charles Edwards dans subcommittee of the Committee on Government Operations, *Regulation of Food Additives and Medicated Animal Feeds*, 同第 6 章註 40, p. 169.
24 同前註。Dans le même volume, voir également l'audition du juriste de la FDA William Goodrich（p. 256）.
25 同前註 , p. 169 ; Code of Federal Regulations: Regulations 21 CFR 121.1063 et 121.1064.
26 Johan Sakshaug et al., «Dimethyl nitrosamines ; its hepatotoxic effect in sheep and its occurrence in toxic batches of herring meal», *Nature*, vol. 206, n° 4990, juin 1965.
27 K.G. Weckel et Susan Chien, «Use of sodium nitrite in smoked Great Lakes Chub», *Research Report* 51, University of Wisconsin, septembre 1969, p. 1 ; Mel Eklund, «Control in fishery products», dans A. Hauschild et K. Doods, *Clostridium Botulinum*, 同第 9 章註 2.
28 H. Tarr, «The action of nitrites on bacteria», *Journal of the Fisheries Research Board of Canada,* vol. 5, n° 3, 1941; H. Tarr, «The action of nitrites on bacteria: Further experiments», *Journal of the Fisheries Research Board of Canada,* vol. 6, 1942.
29 Code of Federal Regulations: Regulation 21 CFR 121.1230 (在煙燻鰱魚加工時，加入亞硝酸鈉以協助抑制E型肉毒桿菌形成過量毒素) ; 參見 les auditions du Dr Wodicka (FDA) dans Subcommittee on Public Health and Environment, *FDA Oversight-Food Inspection*, U.S. GPO, Washington, 1972, p. 9 et p. 21.
30 David Perlman, «Suit seeks US data on food additives», *San Francisco Chronicle*, 8 février 1972 ; «FDA is criticized on food additives», *Washington Post*, 25 avril 1972.
31 Dale Hattis, «The FDA and nitrate A case study of violations of the food, drug and cosmetic act with respect to a particular food additive», reproduit in *extenso* dans Select Committee on Nutrition and Human Needs, *Nutrition and Human Needs. Part 4C-Food Additives,* U.S. GPO, Washington, 1972, p. 1715.

31 «Improperly prepared olives can cause botulism poisoning», *Lodi News Sentinel,* 22 novembre 1978, p. 17.
32 D. Emmeluth, Botulism, 同註 11, p. 21-22.
33 Jeff Rush et Jean Kinsey, *Castleberry's: 2007 Botulism Recall, a Case Study*, University of Minnesota, 2008 ; Julie Schmit, «Management problems cited in botulism case», *USA Today*, 29 juin 2008.
34 Niels Skovgaard, «Microbiological aspects and technological need: technological needs for nitrates and nitrites», *Food Additives and Contaminants,* vol. 9, n° 5, 1992.
35 Peter Dürre, «From Pandora's box to Cornucopia: Clostridia-A historical perspective», dans Hubert Bahl et Peter Dürre (dir.), *Clostridia. Biotechnology and Medical Applications,* Wiley, New York,2001, p. 6 7.
36 Hamid Tavakoli et al. «A survey oftraditional Iranian food products for contamination with toxigenic Clostridium botulinum», *Journal of Infection and Public Health*, n° 2, 2009, p. 94.
37 E. Van Ermengem, «Contribution à l'étude...», 同第 8 章註 12, p. 346.
38 例見丹麥發言，載於 Efsa Panel on Food Additives and Nutrient Sources Added to Food, «Statement on nitrites in meat products», *EFSA Journal*, 2010, vol. 8, n° 5, p. 5.
39 參見 Corporate europe oBservatory, *Exposed: Conflicts of Interest Among EFSA's Experts on Food Additives,* CEO, Bruxelles, 2011.
40 Efsa, «Opinion of the scientific panel on biological hazards...», 同序章註 34, p. 1 (本書引文中強調處為作者所加).
41 Règlement N° 1129/2011 de la Commission, 11 novembre 2011, *Journal officiel de l'Union européenne*, L 295/1.
42 Efsa, «Opinion of the scientific panel on biological hazards...», 同序章註 34, p. 24.
43 同前註 , p. 11, p. 24.
44 Roberto Chizzolini et al., «Biochemical and microbiological events of Parma ham production technology», *Microbiologia SEM*, vol. 9 N, 1993, p. 26-34. 關於停止使用硝化添加物，另見 Giovanni Parolari, «Review: achievements, needs and perspectives in dry cured ham technology: the exemple of Parma ham», *Food Science and Technology International,* vol. 2, n° 2, 1996, p. 70 71.
45 Giovanni parolari et al., «Extraction properties and absorption spectra of dry cured hams made with and without nitrate», *Meat Science*, n° 64, 2003, p. 483.

第 10 章

1 A. L. Vittoz, *Contribution à l'étude des frontières du botulisme*, 同第 9 章註 4, p. 53-57.
2 E. Van Ermengem, «Contribution à l'étude...», 同第 8 章註 12, p. 258.
3 關於十九世紀由魚類引發的肉毒桿菌中毒，參見刊於此書的資料： E. Dickson, *Botulism, a Clinical and Experimental Study*, 同第 8 章註 27, p. 6.
4 Michael Peck, «Clostridium botulinum», dans Vijay Juneja et John Sofos, *Pathogens and Toxins in Foods: Challenges and Interventions*, ASM Press, Washington, 2010, p. 37.
5 M. Peck et S. Stringer, «The safety of pasteurised...», 同第 8 章註 6. (tableau p. 465).
6 Susan Gilbert et al., Risk Profile: *Clostridium Botulinum in Ready- to-eat Smoked Seafood in Sealed Packaging,* Institute of Environmental Science & Research, Christchurch, 2006 (p. 28, p. 33).
7 V. Delbos et al., «Botulisme alimentaire...», 同第 9 章註 19, p. 456.
8 Bruce Tompkin, «Nitrite», dans P. Michael Davidson et al. (dir.), *Antimicrobials in Foods*, 3e éd., Taylor & Francis, Boca Raton, 2005, p. 210-212.
9 E. Jeffery Rhodehamel et al., «Incidence and heat resistance of Clostridium botulinum type E spores in menhaden surimi», *Journal of Food Science*, vol. 56, n° 6, 1991, p. 1562-1563.

11 例見Donald Emmeluth, *Botulism,* 2e éd., Chelsea House, New York, 2010, p. 83, p. 86 ; F.K. Lücke et T. Roberts, «Control in meat...», 同註 2, p. 182, p. 192.

12 Michel Robert Popoff, «Botulinum neurotoxins: more and more diverse and fascinating toxic proteins», *Journal of Infectious Diseases,* vol. 209, n° 2, 2014.

13 E. Dickson, *Botulism, A Clinical and Experimental Study,* 同第 8 章註 27, p. 17, p. 21, p. 23 ss. ; Christelle Mazuet et al., «Le botulisme humain en France, 2007 2009», *Bulletin épidémiologique hebdomadaire,* n° 6, février 2011, p. 53 ; F. K. Lücke et P. Zangerl, «Food safety challenges...», 同註 2; Kashmira Date et al., «Three outbreaks of foodborne botulism caused by unsafe home canning of vegetables», *Journal of Food Protection,* vol. 74, n° 12, 2011.

14 Jiu Cong Zhang et al., «Botulism, where are we now?», *Clinical Toxicology*, n° 48, 2010, p. 872 ; M. Peck et S. Stringer, «The safety of pasteurised...», 同第 8 章註 6, p. 465.

15 K. Date et al., «Three outbreaks of foodborne botulism...», 同註 13.

16 David Paterson et al., «Severe botulism after eating home preserved asparagus», *Medical Journal of Australia*, vol. 157, n° 4, 1992.

17 Pierre Abgueguen et al., «Nine cases of foodborne botulism type B in France and litterature review», *European Journal of Clinical Microbiology and Infectious Diseases*, n° 22, 2003.

18 Jacques Tourret, *Quelques aspects actuels du botulisme: à propos de 16 observations,* thèse de médecine, Clermont Ferrand, 1973. 食用工業製造蘆筍導致肉毒桿菌中毒致死的案例記載於 les observations 11 et 12, p. 55-57. 同年初，在另一座城市裡也發生其他蘆筍罐頭造成的案例，造成此事件的蘆筍是自家製作（參見前註。observations 1 à 3, p. 43-46）.

19 Valérie Delbos et al., «Botulisme alimentaire, aspects épidémiologiques», *La Presse médicale,* n° 34, 2005, p. 459.

20 Gary Barker et al., «Probabilistic representation of the exposure of consumers to Clostridium botulinum neurotoxin in a minimally processed potato product», *International Journal of Food Microbiology,* vol. 100, n° 1 3, 2005.

21 Mandy Seaman et al., «Botulism caused by consumption of commercially produced potato soups stored improperly», *Morbidity and Mortality Weekly Report,* vol. 60, n° 26, 2011, p. 890.

22 Frederick Angulo et al., «A large outbreak of botulism: the hazardous baked potato», *Journal of Infectious Diseases,* n° 178, 1998.

23 Charles Armstrong et al., «Botulism from eating canned ripe olives», *Public Health Reports*, vol. 34, n° 51, 1919.

24 Brandon Horowitz, «The ripe olive scare and hotel Loch Maree tragedy: Botulism under glass in the 1920's», *Clinical Toxicology*, n° 49, 2011.

25 Dwight Sisco, «An outbreak of botulism», *JAMA,* février 1920. Voir James young, «Botulism and the ripe olive scare of 1919 1920», *Bulletin of the History of Medicine,* 1976.

26 Luca Padua et al., «Neurophysiological assessment in the diagnosis of botulism: usefulness of single fiber EMG», *Muscle and Nerve*, octobre 1999.

27 Amy Cawthorne et al., «Botulism and preserved green olives», *Emerging Infectious Diseases*, vol. 11, n° 5, 2005.

28 見*Euro Surveillance*: 2010, 15 (14) ; 2011, 16 (49).

29 例如，在 2007 年 3 月，聯邦食品藥物管理局將「Dal Raccolto」與「Cibo specialties」橄欖下架；2011 年 3 月，希臘發出關於橄欖的警報；2012 年 7 月，英國食品標準局將「I Divini di Chicco Francesco」橄欖下架；2013 年 6 月，「 Délices d'olives noires」橄欖被 PACA 區域健康管理局下架，等。

30 參見D. Tilgner, *L'Industrie moderne...*, 同第 6 章註 10, p. 69-70.

41 Medizinalkollegium de Tübingen檔案, Landesarchiv Baden Württemberg. 另見Johann Autenrleth, dans O. J. Grüsser,«Der"Wurst Kerner"...», 同註 3, p. 233.

42 Édouard Van den Corput, *Du poison qui se développe dans les viandes et dans les boudins fumés*, Tircher, Bruxelles, 1855, p. 6.

43 同前註。

44 E. Van Ermengem, «Contribution à l'étude...», 同註 12, p. 225.

45 Pieter Devriese, «On the discovery of Clostridium Botulinum», Sartoniana. *Journal of the Sarton Chair of the History of Sciences at Universiteit Ghent,* vol. 13, 2000, p. 133.

46 E. Van Ermengem, «Contribution à l'étude...», 同註 12, p. 226.

47 同前註, p. 222-223.

48 同前註, p. 582.

49 同前註, p. 522.

50 同前註, p. 237 et p. 342.

51 E. Dickson, *Botulism, a Clinical and Experimental Study*, 同註 27, p. 54.

52 R. von Ostertag, *Handbook of Meat Inspection*, 同註 4, p. 759-760, p. 762.

53 例見Adolf Dieudonné, *Bacterial Food Poisoning*, Treat, New York, 1909, （p. 67, p. 70）, 或Charles Ainsworth Mitchell, *Flesh Foods with Methods for their Chemical, Microscopical, and Bacteriological Examination*, Griffin & Co, Londres, 1900, p. 278.

54 E. Dickson, *Botulism, a Clinical and Experimental Study*, 同註 27, p. 5. 在法國，「我們能在 1900 年代的衛生報刊上發現這個字。……在法國，人們從 1875 年開始記錄肉毒桿菌中毒，在 1875 到 1924 年間共發現 21 例，其中只有 3 例造成死亡。」（M. Ferrlères, Histoire des peurs..., 同第 2 章註 66, p. 414.）

第 9 章

1 參 見 Emmanuelle Espié, *Caractéristiques épidémiologiques du botulisme humain en France de 2001 à 2003,* Institut de veille sanitaire, 2003. 另 見 Sylvie Haeghebaert et al., «Caractéristiques épidémiologiques du botulisme humain en France, 1991 2000», *Bulletin épidémiologique hebdomadaire*, 14/2002, p. 6.

2 Friedrich Karl Lücke et Terry Roberts, «Control in meat and meat products», dans Andreas Hauschild et Karen Doods, *Clostridium Botulinum, Ecology and Control in Foods*, Marcel Dekker, New York, 1993, p. 183, p. 191 192 ; Friedrich Karl Lücke et Peter Zangerl, «Food safety challenges associated with traditional foods in German speaking regions», *Food Control,* n° 43, 2014, p. 226 et p. 219.

3 例見René André, *Contribution à l'étude du botulisme*, De Bussac, Clermont Ferrand, 1945.

4 André Louis Vittoz, *Contribution à l'étude des frontières du botulisme*, Foulon, Paris, 1944, p. 17.

5 René Legroux et al., «Statistique du botulisme de l'Occupation 1940 1944», *Bulletin de l'Académie de médecine*, vol. 129, novembre 1945.

6 同前註。

7 René Legroux et Colette Jéramec, «Le botulisme et les jambons salés», *Bulletin de l'Académie de médecine*, vol. 128, mars 1944.

8 同前註。

9 René Legroux et Colette Jéramec, «L'infection botulique du porc», *Bulletin de l'Académie de médecine*, vol. 128, juin 1944.

10 Louise Aimée Dewé, Le Botulisme. *À propos de cinq cas observés à l'Hôtel-Dieu*, Foulon, Paris, 1943, p. 34, p. 78. 亦 見 François Émile-Zola, *Formes mortelles du botulisme*, Le François, Paris, 1946, p. 11, p. 82 ; R. André, *Contribution à l'étude du botulisme*, 同 註 3, p. 33-37 ; A. L. Vittoz, *Contribution à l'étude des frontières du botulisme*, 同註 4, p. 17.

13 Justinius Kerner, *Das Fettgift oder die Fettsaure und ihre Wirkungen auf den thierischen Organismus*, JG Cotta, 1822. 列昂六世治下關於香腸的法律可見：Jean Théodoridés, *Des miasmes aux virus. Histoire des maladies infectieuses*, L. Pariente, Paris, 1991, p. 153. 1258 年的禁令轉引自：Kurt Nagel et al., *L'Art et la Viande*, Erti, Paris, 1984, p. 26.
14 M. Gladwin et al., «Meeting report...», 同第 2 章註 9, p. 313.
15 J. Kerner, *Das Fettgift oder die Fettsaure und ihre Wirkungen auf den thierischen Organismus*, 同註 13.
16 同前註, p.361-366.
17 O. J. Grüsser, «Der"Wurst Kerner"...», 同註 3, p. 250.
18 參見 «Bekanntmachung des Medicinal Collegiums», *Medicinisches Correspondenz-Blatt des Württembergischen Ärztlichen Vereins*, vol. XXII, n° 48, 1852.
19 Dr von Faber 的報告, «Über Wurstvergiftungen», *Medicinisches Correspondenz-Blatt des Württembergischen Ärztlichen Vereins*, vol. XXIV, n° 33, 1854, p. 260.
20 同前註, p. 261.
21 Jacob Gailer, *Nouveau Orbis Pictusà l'usage de la jeunesse*, Loeflund, Stuttgart, 1832 (ill. n° 122 et p. 221, «Le boucher»).
22 J. von Kurzböck, *Spectacle de la nature...*, 同第 2 章註 60. (pages «Les saucisses»).
23 Ryckaert畫作, *Ein Schlachter bietet einer Frau ein Glas Bier an*, Städel Museum, Francfort.
24 J. Louis雕刻作品可見於 K. Nagel et al., *L'Art et la Viande*, 同註 13, p. 17.
25 例見 «Allégories de décembre» (xiiie, xvie et xviie siècles)，可見於 K. Nagel et al., *L'Art et la Viande*, 同註 13, p. 67 et 69.
26 例見 Belleforest (1571) 的文字，«Comment conserver la viande», dans Madeleine Ferrières, *Histoires de cuisines et trésors des fourneaux*, 同第 2 章註 43.
27 Ernest Dickson, *Botulism, a Clinical and Experimental Study*, Rockefeller Institute for Medical Research, New York, 1918, p. 11 ; E. Van Ermengem, «Contribution à l'étude...», 同註 12, p. 254-257.
28 Compte rendu du *Schwäbischer Merkur dans Medicinisches Correspondenz-Blatt des Württembergischen Ärztlichen Vereins*, vol. XXIV, n° 16, 1854, p. 128.
29 «Chronik», *Medicinisches Correspondenz-Blatt des Württembergischen Ärztlichen Vereins*, vol. XXIV, n° 30, 1854, p. 239-240.
30 Dr Müller報告, *Medicinisches Correspondenz-Blatt des Württembergischen Ärztlichen Vereins*, vol. XXIV, n° 30, 1854, p. 239.
31 Dr Schüz 報告, «Wurstvergiftungen», *Medicinisches Correspondenz-Blatt des Württembergischen Ärztlichen Vereins,* vol. XXIV, n° 21, 1855, p. 163.
32 J. Schiossberger, «Das Gift verdorbener Würste...», 同註 4, p. 5.
33 同前註。
34 同前註。亦可參見系列作品 «Überwachung und Kontrolle von Nahrungsund Genussmitteln» des archives du Medizinalkollegium de Tübingen conservées au Landesarchiv Baden Württemberg.
35 Dr Schroter 報告, «Ein Tödlich abgelaufener Wurstvergiftungsfall», *Medicinisches Correspondenz-Blatt des Württembergischen Ärztlichen Vereins,* vol. XXX, n° 29, 1860.
36 同前註。
37 同前註。
38 J. Schlossberger, «Das Gift verdorbener Würste...», 同註 4.
39 O. J. Grüsser, «Der"Wurst Kerner"...», 同註 3, p. 233.
40 Dr Röser 報告, «Vergiftungdurch Leberwürste», *Medicinisches Correspondenz-Blatt des Württembergischen Ärztlichen Vereins*, vol. XII, n° 1, 1842, p. 1.

14 Peter Magee et John Barnes, «The production of malignant primary hepatic tumours in the rat by feeding dimethylnitrosamine», *British Journal of Cancer*, n° 10, 1956.
15 N. Böhler, «En ondartet leversyk dom hos mink og rev», *Norsk Pelsdyrblad*, n° 34, 1960.
16 Nils koppang, «An outbreak of toxic liver injury in ruminants», *Nordisk Veterinaermedicin*, vol. 16, 1964.
17 «Nitrites, nitrosamines, and cancer», *The Lancet*, 18 mai 1968.
18 同前註（本書引文中強調處為作者所加）。
19 H. Truffert, CSHPF, procès verbal de la séance du 12 janvier 1953 (國家檔案).
20 Dr Fabre, CSHPF, procès verbal de la séance du 12 janvier 1953 (國家檔案).
21 同前註。
22 Dr Dreyfus, CSHPF, procès verbal de la séance du 12 janvier 1953 (國家檔案).
23 同前註。
24 M. Henry et al., «Opportunité de l'addition de nitrates...», 同第 1 章註 15, p. 1296.
25 同前註。
26 M. Ravenel et al., «Nitrites permitted in meat», 同第 5 章註 60.

第 8 章

1 Tom Addiscott, «Is it nitrate that threatens life or the scare about nitrate?», *Journal of the Science of Food and Agriculture*, n° 86, 2006, p. 2005.
2 Mark Gladwin et al., «Meeting report: The emerging biology...», 同第 2 章註 9, p. 313.
3 Otto Joachim Grüsser, «Der"Wurst Kerner"Justinus Kerners Beitrag zur Erforschung des Botulismus», dans Heinz schott (dir.), *Justinus Kerner Jubiläumsband zum 200. Geburstag*, Weinsberg, 1991 ; Frank Erbguth, «Historical notes on botulism», Movement Disorder, n° 19, 2004.
4 Julius Schlossberger, «Das Gift verdorbener Würste mit Berücksichtigung seiner Analogen in andern thierischen Nahrungsmitteln», *Archiv für physiologische Heilkunde*, Ergänzungsheft 1852. 摘要亦可見於 *Medicinisches Correspondenz-Blatt des Württembergischen Ärztlichen Vereins*, vol. XXIII, n° 19, 1853 ; Robert von Ostertag, *Handbook of Meat Inspection*, 3e éd., Jenkins, New York, 1912, p. 759.
5 Dr von Faber, «Üeber Wurstvergiftungen», *Medicinisches Correspondenz-Blatt des Württembergischen Ärztlichen Vereins*, vol. XXIV, n° 33, 1854, p. 249-250.
6 Michael peck et Sandra Stringer, «The safety of pasteurised in pack chilled meat products with respect to the foodborne botulism hazard», *Meat Science*, n° 70, 2005.
7 例 見 Dr Bosch, «Über Wurstvergiftungen, besonders deren Behandlung», *Medicinisches Correspondenz-Blatt des Württembergischen Ärztlichen Vereins*, vol. XXIII, n° 37, 1853 ; Dr von Faber, «Über Wurstvergiftungen», 同 註 5 ; Dr Berg, «Über Wurstvergiftungen», *Medicinisches Correspondenz-Blatt des Württembergischen Ärztlichen Vereins*, vol. XXV, n° 41 et 42, 1855.
8 F. Erbguth, «Historical notes...», 同註 3.
9 Justinius Kerner, *Neue Beobachtungen über die in Württemberg so häufig vorfallenden tödtlichen Vergiftungen durch den Genuss geräucherter Würste*, Ofiander, Tübingen, 1820, p. 2.
10 J. Kerner 轉引自 Frank Erbguth, «Justinus Kerner und das Wurstgift, medizin-historische Aspekte», dans Frank Erbguth et Markus Naumann (dir.), *Botulinum-toxin. Visionen und Realität*, Wissenschaftsverlag Wellingsbüttel, Hamburg, 2003, p. 29.
11 例見 Dr Wolshofer 的紀要，*Medicinisches Correspondenz-Blatt des Württembergischen Ärztlichen Vereins*, vol. XXV, n° 20, 1855, p. 159. 參見 F.Erbguth, «Historical notes...», 同註 3, p. 3.
12 J. Schlossberger et H. Müller, 轉引自 Émile Van Ermengem, «Contribution à l'étude des intoxications alimentaires. Recherches sur des accidents à caractère botulinique provoqués par du jambon», *Archives de pharmacodynamie*, vol. III, 1897, p. 255.

40 James Cribbett, «Division of field operations – nitrite poisoning from wieners», février 1956, reproduit dans Subcommittee of the Committee on Government Operations, *Regulation of Food Additives and Medicated Animal Feeds*, U.S. GPO, Washington, 1971, p. 220.
41 G. Rentsch et al., «Über Vergiftung mit reinem Natriumnitrit...», 同第 5 章註 10, p. 17.
42 M. Freedman, «Seven cases of poisoning by sodium nitrite», *South Afrikan Medical Journal*, n° 1, vol. 36, 1962.
43 Directive du 5 novembre 1963 sur les agents conservateurs.
44 Procès-verbal du CSHPF, 30 avril 1963 (國家檔案).
45 就像一封由全國醃製、批發豬肉製品與肉品罐頭產業聯盟於 1963 年 6 月 4 日寄給農業部的信裡的證言所說（國家檔案）。
46 L. Blanchard et al., «Considérations sur l'emploi...», 同第 5 章註 10, p. 340.
47 同前註, p. 341.
48 «Sel nitrité», lettre du ministre de l'Agriculture au ministre de la Santé publique, 9 juin 1964 (國家檔案).
49 «Modification du tableau C (section I) des substances vénéneuses», arrêté du 15 septembre 1964, *Journal officiel*, 3 octobre 1964, p. 8924; «Conditions de délivrance et d'étiquetage des nitrites métalliques et du sel nitrité», arrêté du 15 septembre 1964, *Journal officiel*, 3 octobre 1964, p. 8923-8924; «Utilisation du sel nitrité pour la préparation des viandes et des denrées à base de viande», arrêté du 8 décembre 1964, *Journal officiel*, 5 janvier 1965, p. 119.
50 Académie Nationale de Médeclne, Rapport. Au sujet du sel nitrité, 23 juin 1964 (國家檔案).
51 同前註。
52 同前註。
53 同前註。
54 同前註。

第 7 章

1 Brevets G. Doran, «Art of curing meats» et «Procédé pour la conservation des viandes», 同第 5 章註 41.
2 Brochure *Prague Salt. The Safe, Fast Cure*, The Griffith Laboratories, Chicago/Toronto, 1940.
3 Fiche «DQ curing salt» disponible sur <www.butcher-packer.com>.
4 Ivan Wolff et Aaron Wasserman, «Nitrates, nitrites and nitrosamines», *Science*, vol. 177, n° 4043, juillet 1977, p. 16.
5 Brevet Levi Paddock (assigné à Swift & Co), «Meat curing method», US patent 1951436, mars 1934.
6 R. Horowitz, *Putting Meat on the American Table...*, 同第 3 章註 31, p. 66.
7 Vernon Ruttan, *Technological Progress in the Meatpacking Industry*, 1919-1947, Marketing Research Report n° 59, USDA, 1954, p. 3.
8 R. Horowitz, *Putting Meat on the American Table...*, 同第 3 章註 31, p. 60-61.
9 R. Pallu, *La Charcuterie en France*. Tome III, 同第 1 章註 7, p. 191.
10 R. Horowitz, *Putting Meat on the American Table...*, 同第 3 章註 31, p. 66.
11 Bruce Kraig, *Hot Dog: a Global History*, Reaktion Books, Londres, 2009, p. 3.
12 *The Packers's Encyclopedia, vol. 3, Sausage and Meat Specialties. A Practical Operating Handbook for the Sausage and Meat Specialty Manufacturer*, National Provisioner, Chicago, 1938, p. 47 et p. 100.
13 Georges Solignat, *Produits de charcuterie*, Techniques de l'ingénieur, Saint-Denis, 2003-2006.

11 Louis Truffert et Henri Cheftel, *Rapport sur l'emploi des nitrites alcalins dans la salaison des viandes*, décembre 1955 (國家檔案).
12 L. Truffert, CSHPF, procès-verbal de la séance du 12 janvier 1953 (國家檔案).
13 L. Truffert et H. Cheftel, «À propos de l'emploi de nitrite de sodium...», 同第 2 章註 27, p. 12.
14 H. Cheftel, dans «Commission d'examen des sels conservateurs employés en charcuterie», 17 novembre 1953, p. 5 (國家檔案).
15 謝弗帖先生意見(Avis de M. Cheftel), CSHPF, Procèsverbal de la séance du 12 janvier 1953, p. 5 (國家檔案).
16 同前註。
17 L. Truffert et H. Cheftel, «À propos de l'emploi de nitrite de sodium...», 同第 2 章註 27.
18 L. Blanchard, A. Névot et J. Pantaléon, «Considérations sur l'emploi...», 同第 5 章註 10, p. 338.
19 Armand Névot, «Discussion», *Revue de pathologie générale et comparée*, n° 655, 1954, p. 343.
20 M. Henry et al., «Opportunité de l'addition de nitrates...», 同第 1 章註 15, p. 1292.
21 CSHPF, Procès-verbal de la séance du 12 janvier 1953, p. 5 (國家檔案).
22 Lettre du ministre de la Santé publique au ministre de l'Agriculture, 16 mars 1953 (國家檔案).
23 Lettre du ministre de l'Agriculture au ministre de la Santé publique, 7 janvier 1957 (國家檔案).
24 同前註。
25 參見 F. Spanzaro, «Le Marché commun et le marché de la viande», *Revue de la conserve*, mai-juin 1961; F. Spanzaro, «Les projets d'organisation du marché du porc au sein de la Communauté économique européenne», *Revue de la conserve*, juillet 1961.
26 Lettre du ministre de l'Agriculture au ministre de la Santé Publique, 31 octobre 1962 (國家檔案).
27 Léon Gruart, «Nourritures terrestres et chimiques. Querelles sur le jambon : nitrate ou nitrite ?», *Le Figaro*, 17 mai 1963.
28 Lettre de la Fédération nationale de l'industrie de la salaison, de la charcuterie en gros et des conserves de viandes au ministère de l'Agriculture, 4 juin 1963 (國家檔案), (本書引文中強調處為作者所加).
29 例 見 «Malgré plusieurs condamnations, la charcuterie alsacienne aux phosphates et aux nitrites continue à empoisonner les consommateurs», *Libération*, 25 octobre 1957.
30 0«Gift in der Wurst», *Die Zeit*, 30 janvier 1958.
31 «Angeklagte Drogisten kannten das Nitritgesetz nicht», *Pharmazeutische Zeitung*, n° 28, 1958, p. 730.
32 «Nitrit-Skandal immer grösser, Gift zentnerweise verwendet, Verhaftungen am laufenden Band», *Neues Deutschland*, 14 mars 1958.
33 «Natriumnitrit: Maria hilf in der Wurst», *Der Spiegel*, 5 février 1958, p. 28-29.
34 «Des bouchers allemands vendaient des saucisses au nitrite de sodium», *France Soir*, 21 février 1958.
35 Lettre au Service de la répression des fraudes, 21 février 1958 (國家檔案).
36 W. paulus et F. L. schleyer, «Eine wiederholte Massenvergiftung mit Natriumnitrit», *International Journal of Legal Medecine*, vol. 39, n° 1-2, 1948.
37 O. Büch, «Massenvergiftung durch Natriumnitrit», 同第 5 章註 65.
38 Karl Braunsdorf, «Über einige Vergiftungsfälle mit Natriumnitrit (Natrium nitrosum)», *Sammlung von Vergiftungsfällen, Archiv für Toxicologie*, vol. 13, 1944, p. 216.
39 J. Orgeron et al. «Methemoglobinemia from eating meat with high nitrite content», *Public Health Report*, vol. 72, n° 3, 1957.

49 Leopold Pollak, «Über vergleichende Pökelversuche von Fleisch unter Zusatz von Salpeter und Natriumnitrit zur Lake», *Zeitschrift fur Angewandte Chemie*, n° 39, 1922, p. 229.
50 同前註。
51 R. Pegg et F. Shahidi, *Nitrite Curing of Meat*, 同第 1 章註 35, p. 13.
52 O. Kapeller, «Über den Verkehr mit Nitritpökelsalzen», *Zeitschrift für Fleisch- und Milchhyg.*, vol. 41, n° 205, 1931; R. Koller, *Salz, Rauch und Fleisch*, 同第 1 章註 40, p. 186.
53 R. Koller, *Salz, Rauch und Fleisch*, 同第 1 章註 40, p. 181.
54 同前註, p. 186.
55 G. Rentsch et al., «Über Vergiftung mit reinem Natriumnitrit...», 同註 10, p. 17.
56 參見Dean Griffith, *The Griffith Story*, Griffith Press, Alsip (Illinois), 2006, p. 15.
57 Friedrich Auerbach et Gustav Riess, «Das Verhalten von Salpeter und Natriumnitrit bei der Pökelung von Fleisch», *Zeitschrift für angewandte Chemie*, vol. 35, n° 19, 1922.
58 Bureau of Animal Industry, «Notice regarding meat inspection...», 同註 1.
59 參見 *Report of the Chief of the Bureau of Animal Industry*, USDA, 1924, p. 20, et «Scientists find better method for curing meats», *USDA Official Record*, vol. VI, n° 8, 23 février 1927, p. 3.
60 Mazÿck Ravenel et al., «Nitrites permitted in meats», *American Journal of Public Health*, février 1926.
61 Robert Kerr et al. (USDA), «The use of sodium nitrite in the curing of meat», *Journal of Agricultural Research*, vol. 33, n° 6, 1926, p. 550; W. Lewis et al., «Use of sodium nitrite...», 同註 38, p. 1243-1245.
62 Otto Schulz, «Herzmuskelschädigung durch Nitriteinwirkung bei der Herstellung von Pökelsalz aus Natriumnitrit und Kochsalz», *Sammlung von Vergiftungsfällen*, vol. 6, n° 1, 1935.
63 R. Koller, Salz, Rauch und Fleisch, 同第 1 章註 40, p. 191, Koller的資料也被Louis Truffert引用於其首篇報告中。
64 «Nitritgesetz», 18 juin 1934 (R.G.B.Z. 1934 I 5/3); «Begründung des Nitritgesetzes», *Reichsanzeiger* Nr. 144 du 23 juin 1934.
65 K. O. Honikel, «The use and control...», 同第 1 章註 18, p. 70; O. Büch, «Massenvergiftung durch Natriumnitrit», *Archives of Toxicology*, vol. 14, n° 2, 1952.

第 6 章

1 關於CSHPF的角色，參見A. Stanziani, *Histoire de la qualité alimentaire*, 同第 4 章註 6, p. 64.
2 參見 Louis Tanon, «F. Bordas», *Annales d'hygiène publique, industrielle et sociale*, t. XIV, octobre 1936.
3 Frédéric Bordas, «L'unification des méthodes d'analyse des produits alimentaires», *Annales des falsifications*, n° 58, août 1913, 轉引自 A. Stanziani, *Histoire de la qualité alimentaire*, 同第 4 章註 6, p. 71.
4 F. Bordas 轉引自 P. Brouardel, *Cours de médecine légale...*, 同第 3 章註 7, p. 241.
5 例見 Frédéric Bordas, «Enrobage des produits de la charcuterie», *Annales d'hygiène publique, industrielle et sociale*, 1933, p. 282-285.
6 Frédéric Bordas, «Les nitrites dans les saumures», *Annales d'hygiène publique, industrielle et sociale*, t. XIII, février 1935.
7 同前註, p. 60. 另外，F·伯赫達斯多次建議停用硝石。例見*Annales des falsifications*, n° 312, décembre 1934, p. 579.
8 J. Brooks et al., «The function of nitrate, nitrite...», 同第 2 章註 87.
9 R. Koller, Salz, *Rauch und Fleisch*, 同第 1 章註 40, p. 181.
10 例見 Damazy Tilgner, *L'Industrie moderne de la conserve*, traduit par Henri Cheftel, Enault, Paris, 1933.

23 A. Baines, «On nitrite of sodium in the treatment of epilepsy and as a toxic agent», *The Lancet*, décembre 1883.
24 A. Butler et M. Feelisch, «Therapeutic uses of nitrite...», 同第 2 章註 31, p. 2153; *Squibb's Materia Medica. Medicinal Tablets*, Squibb & Son, New York, 1906, p. 217.
25 John Haldane et al., «The action as poisons of nitrites and other physiologically related substances», *Journal of Physiology*, vol. 21, n° 2-3, 1897, p. 161.
26 John Haldane, «The red colour of salted meat», *Journal of Hygiene*, vol. 1, n° 1, 1901.
27 Karl Kisskalt, «Beiträge zur Kenntnis der Ursachen des Rothwerdens des Fleisches beim Kochen, nebst einigen Versuchen über die Wirkung der schwefligen Saüre auf die Fleischfarbe», *Archiv fur Hygiene*, vol. 35, 1899.
28 S. Orlow, «La coloration des saucisses et des jambons», *Revue internationale des falsifications*, n° 2, 1903.
29 同前註。
30 *Le Mois scientifique et industriel*, n° 2, octobre 1903.
31 «Red color in salted meats chemically explained», *National Provisioner*, 25 avril 1903.
32 R. Hoagland, «The action of saltpeter...», 同第 1 章註 11.
33 參見 Osman Jones, «Nitrite in cured meats», *Analyst*, n° 684, 1933, p. 141.
34 F. Glage, *Die Konservierung der roten Fleischfarbe. Eine einfache Methode zur Erzeugung hochroter Fleischund Wurstfarbe*, R. Schoetz, Berlin, 1909, p. 5.
35 Cité dans R. Koller, *Salz, Rauch und Fleisch*, 同第 1 章註 40, p. 177.
36 F. Glage, *Die Konservierung der roten Fleischfarbe*, 同註 34, p. 5.
37 同前註, p. 25.
38 參見 Ralph Hoagland, «Coloring matter of raw and cooked salted meats», *Journal of Agricultural Research*, vol. III, n° 3, 1914. F. Glage的著作也被引用在證明亞硝酸鹽之授權的必要文件中：Winford Lewis et al., «Use of sodium nitrite in curing meats», *Industrial and Engineering Chemistry*, décembre 1925, p. 1243.
39 兩人所發明的製程一直是許多著作的主題。綜論參見 Thomas Hager, *The Alchemy of Air*, Three Rivers Press, New York, 2008.
40 R. Koller, *Salz, Rauch und Fleisch*, 同第 1 章註 40.
41 Brevets George Doran, «Art of curing meats», US Patent 1212614 (janvier 1917), version française: «Procédé pour la conservation des viandes», brevet INPI N° 486077 (juillet 1917).
42 參見 Jay Pridmore, *Well Seasoned, A Centenial of Heller*, Heller Inc., Bedford Park, Ill., 1993.
43 Jan Budig, «Prague ham: the past and the present», *Maso International Journal of Food Science and Technology*, 2012, n° 1.
44 Robert von Ostertag, *Handbuch der Fleischbeschau*, vol. 2, Enke, Stuttgart, 1913, p. 720. 也引用自W. Lewis et al., «Use of sodium nitrite...», 同註 38, p. 1243.
45 Georg Lebbin, brevet FR 512608 «Procédé de salage des viandes» (France) ; brevet 73375 «Pökelsalz» (Suisse), brevet FI7908 «Förfarande för saltning av köttvaror» (Finlande).
46 W. Lewis et al., «Use of sodium nitrite...», 同註 38, p. 1243.
47 Dietrich Milles, «History of toxicology», dans Hans Marquardt et al. (dir), *Toxicology*, Academic Press, 1999, p. 21. 亦見 R. Koller, *Salz, Rauch und Fleisch*, 同第 1 章註 40, p. 190.
48 «Bundesratsverordnungen betr. gesundheitsschädlicher und täuschender Zusätze zu Fleisch und dessen Zubereitungen, und betr. Ergänzung der Ausführungsbestimmungen D. zum Schlachtviehund Fleischbeschaugesetze», 14 décembre 1916, dans Reichsgesetzblatt, p. 1359, *Zentralblatt für das Deutsche Reich*, p. 532, et *Verörf. d. kais. Gesundheitsamts*, 1917, p. 28.

4 Arthur Gamgee, «Mémoire sur l'action des nitrites sur le sang», *Compte rendu des séances de l'Académie des sciences*, séance du 22 mars 1869.

5 Antoine Rabuteau, *Éléments de toxicologie et de médecine légale appliquée à l'empoisonnement*, Lauwereyns, Paris, 1873, p. 196-198.

6 Merck, *Nitrite und Nitroverbindungen*, Merck Chemische Fabrik, Darmstadt, 1929, p. 14.

7 同 前 註 , p. 13; Erich Hesse, «Entgiftung der Nitrite», *Naunyn-Schmiedeberg's Archives of Pharmacology*, vol. 126, n° 3-4, 1927, p. 210.

8 Pastilles bait-rite, 參見 <www. connovation.co.nz>

9 Jessica Morrison, «Counterattacking the wild pig invasion with bacon preservative sodium nitrite», *Chemical and Engineering News*, vol. 92, n° 41, 2014, p. 23.

10 L. Truffert et H. Cheftel, «À propos de l'emploi de nitrite de sodium...», 同第 2 章註 27. Truffert 與 Cheftel 使用了印度的資料，將致命劑量定為 2 克。根據其他的預測，致命劑量被定為介於 33 毫克 / 公斤（兒童與老人）與 250 毫克 / 公斤（成人）之間。參見 L. Schuddeboom, *Nitrates et nitrites dans les denrées alimentaires*, Conseil de l'Europe, 1993, p. 103. M. Ranken 指出致死的劑量是 1 公克 (Michael ranken, *Handbook of Meat Product Technology*, Blackwell, Londres, 2000, p. 54), 其他作者則估計約為 4 克 (G. Rentsch et al., «Über Vergiftung mit reinem Natriumnitrit sowie einen orientierenden Nitritnachweis am Krankenbett», *Archiv für Toxicologie*, Bd. 17, 1958, p. 18). 另有估計為 17.5 克 (Louis Blanchard, Armand Névot et Jean Pantaléon, «Considérations sur l'emploi d'un nitrite alcalin dans la salaison des viandes», *Revue de pathologie générale et comparée*, n° 655, 1954, p. 339).

11 參見 G. Rentsch et al., «Über Vergiftung mit reinem Natriumnitrit...», 同前註, p. 17.

12 «A malicious hand at pillow side», China Radio International, 30 août 2010.

13 «Woman accused of poisoning neighbor», CNN, 27 mars 2006.

14 H. B. Arbuckle et O. Thies, «Fatal poisoning with sodium nitrite», *Industrial and Engineering Chemistry*, vol. 2, n° 202, juillet 1933 ; R. Koller, Salz, *Rauch und Fleisch*, 同第 1 章註 40, p. 191.

15 Merck, *Nitrite und Nitroverbindungen*, 同註 6, p. 14-15; et R. Koller, *Salz, Rauch und Fleisch*, 同第 1 章註 40, p. 190.

16 Edith Smith et Francis Dudley Hart, «William Murrell, physician and practical therapist», *British Medical Journal*, n° 3, 1971; H. Huziter-Kramer, «Sodium nitrite poisoning», *Sammlung von Vergiftungsfallen*, n° 7, 1936, p. 15-16.

17 例見 Jean Hurel, *À propos de cinq cas d'intoxication par le nitrite de soude, thèse de médecine*, Paris, 1945.

18 Dr Andrieu et al., «Intoxication collective par le nitrite de sodium», *Bulletin de l'Académie de médecine*, vol. 127, n° 11-12, 1943.

19 L. Truffert et H. Cheftel, «À propos de l'emploi de nitrite de sodium...», 同第 2 章註 27.

20 Morris Greenberg et al., «Outbreak of sodium nitrite poisoning», *American Journal of Public Health*, vol. 35, 1945.

21 Henri Huchard, «Propriétés physiologiques et thérapeutiques de la trinitrine (note sur l'emploi du nitrite de sodium)», *Bulletin général de thérapeutique médicale et chirurgicale*, t. 104, 1883, p. 347. 此文章第 1 頁複製轉載於 Liliane parlente, *Angine de poitrine et trinitrine*, L. Pariente, Paris, 1980, p. 82.

22 Henry Ralfe, «Seventeen cases of epilepsy treated by sodiumnitrite», *British Medical Journal*, 2 décembre 1882; «Du nitrite de sodium dans le traitement de l'épilepsie», *Bulletin général de thérapeutique médicale et chirurgicale*, t. 104, 1883; Sydney Ringer et William Murrell, «Nitrite of sodium as a toxic agent», *The Lancet*, 3 novembre 1883.

18 參見 A. Stanziani, *Histoire de la qualité alimentaire*, 同註 6, p. 232.
19 «Borax and boric acid», *National Provisioner*, 28 mars 1908.
20 «Communications diverses concernant les denrées alimentaires», *Revue internationale des falsifications*, vol.11, n° 6, novembredécembre 1898, p. 200.
21 «Give us the truth!», *National Provisioner*, 2 juin 1906, p. 21.
22 Th. Bourrier, *Le Porc et les Produits de la charcuterie*, 同第 2 章註 42, p. 383-393.
23 A. Picard, *Rapport général*, 同註 16, p. 386.
24 G. Holmes, *Meat Supply*..., 同註 2, p. 8.
25 *La Boucherie*, vol. 9, avril 1895, p. 3.
26 Division of Foreign Markets, *Meat in Foreign Markets*, 同註 3, p. 22, 24, 35.
27 «Success in sausage making», *National Provisioner*, 18 avril 1908, p. 16.
28 R. Ganz (dir.), *Directory and Hand-Book of the Meat*..., 同第 1 章註 32, p. 365.
29 Léon Arnou, *Manuel de l'épicier, produits alimentaires et conserves, denrées coloniales, boissons et spiritueux, etc.*, Baillière, Paris, 1904, p. 117.
30 D. Boorstin, *Histoire des Américains*, 同第 3 章註 48, p. 1209.
31 «French in a fright», *National Provisioner*, 24 octobre 1908, p. 21.
32 同前註。
33 Federal Trade Commission, *Report on the Meat-Packing Industry, Part V, Profits of the Packers*, Washington, 1920, p. 38.
34 J. la Cérière, «Recettes américaines pour la préparation du porc», *L'Alimentation moderne et les Industries annexes*, avril 1924, p. 41-44.
35 儘管幾十年後，我們可能會厭惡這許多速食餐廳出現在法國，但社會學家R．逢塔西亞(R. Fantasia)指出，速食的首次出現完全是由法國與歐洲人操盤，拷貝美國的模式已為己用。參見 Rick Fantasia, «Cooking the books of the French gastronomic field», dans Elizabeth sIlva et Alan Warde (dir.), *Cultural Analysis and Bourdieu's Legacy*, Routledge, Londres, 2010, p. 30-31.
36 William Richardson, «Lecture VII–Science in the packing industry», dans Institute of American Meat Packers, *The Packing Industry*..., 同第 3 章註 22, p. 274.
37 Oscar Mayer, «Lecture V–Pork operations», dans Institute of American Meat Packers, *The Packing Industry*..., 同第 3 章註 22, p. 193.
38 Federal Trade Commission, *Report on the Meat-Packing Industry*..., 同註 33, p. 13.
39 Denis-Placide Bourlat, *Bulletin de la Société d'encouragement*, 1854, 轉引自 A. Chevallier et A. Chevallier fils, «Recherches chronologiques...», 同第 2 章註 73.
40 R. Horowitz, *Putting Meat on the American Table*..., 同第 3 章註 31, p. 69.
41 O. Mayer, «Lecture V–Pork operations», dans Institute of American Meat Packers, *The Packing Industry*..., 同第 3 章註 22, p. 193.
42 Georges Chaudieu, *De la gigue d'ours au hamburger, ou la curieuse histoire de la viande*, La Corpo, Chennevières, 1980, p. 94.

第 5 章

1 Bureau of Animal Industry, «Notice regarding meat inspection-sodium nitrite for curing meat», *Service and Regulatory Announcements*, n° 223, novembre 1925, USDA, Washington.
2 «Utilisation du sel nitrité pour la préparation des viandes et des denrées à base de viande», arrêté du 8 décembre 1964, *Journal officiel* (5 janvier 1965), p. 119.
3 «Modification du tableau C (section I) des substances vénéneuses», arrêté du 15 septembre 1964, *Journal officiel* (3 octobre 1964), p. 8924.

46 James Sinclair, *Report on the Hog-Raising and Pork-Packing Industry in the United States*, Departement of Agriculture, Victoria, 1895, p. 16.
47 James Young, *Pure Food. Securing the Federal Food and Drugs Act of 1906*, Princeton University Press, 1989, p. 130; et Jimmy Skaggs, *Prime Cut. Livestock Raising and Meatpacking in the United States, 1607-1983*, Texas A & M University Press, College Station, 1986, p. 109.
48 Daniel Boorstin, *Histoire des Américains*, Robert Laffont, Paris, 1991, p. 1208.
49 J. Sinclair, *Report on the Hog-Raising and Pork-Packing Industry in the United States*, 同註 46, p. 15.
50 R. Hoagland, «The action of saltpeter...», 同第 1 章註 11, p. 301.
51 Charles McBryde, *A Bacteriological Study of Ham Souring*, USDA, Washington, 1911, p. 33-45.
52 同前註, p. 33.
53 Jesse White, «Cured and smoked meats», *The Quartermaster Corps Subsistence School Bulletin*, n° 29, series X, 1926, p. 25.
54 William Richardson, «The occurrence of nitrates in vegetable foods, cured meats and elsewhere», *Journal of the American Chemical Society*, n° 29, 1907. 轉引自 J. Ian Gray et A. M. Pearson, «Cured meat flavor», *Advances in Food Research*, vol. 29, 1984, p. 13-14.
55 Michael French et Jim Phillps, *Cheated Not Poisoned ?*, Manchester University Press, 2000, p. 86, 另刊於 *The Lancet*, 14 janvier 1905, p. 120-123.

第 4 章

1 R. Horowitz, *Putting Meat on the American Table...*, 同第 3 章註 31, p. 49.
2 George Holmes, *Meat Supply and Surplus with Consideration of Consumption and Exports*, USDA, 1907, p. 52, 42.
3 Jean Heffer, *Le Port de New York et le Commerce extérieur américain*, 1860-1900, Publications de la Sorbonne, Paris, 1991, p. 39; Division of Foreign Markets, *Meat in Foreign Markets*, USDA, Washington, 1905.
4 Division of Foreign Markets, *Meat in Foreign Markets*, 同前註, p. 23.
5 J. Heffer, *Le Port de New York et le Commerce extérieur américain*, 同註 3, p. 65-68 et 184-211.
6 參見 Alessandro Stanziani, *Histoire de la qualité alimentaire*, Seuil, Paris, 2005, p. 194-195.
7 G. Holmes, *Meat Supply...*, 同註 2, p. 4, 6.
8 A. Stanziani, *Histoire de la qualité alimentaire*, 同註 6, p. 226, 228.
9 A. Gobin, *Précis pratique...*, 同第 2 章註 70, p. 214.
10 同前註 (本書引文中強調處為作者所加).
11 同前註, p. 219.
12 Auguste Valessert, *Traité pratique de l'élevage du porc et de charcuterie*, Garnier, 1891, p. 199.
13 J. Heffer, *Le Port de New York et le Commerce extérieur américain*, 同註 3, p. 271.
14 Jérôme Bourdieu et al., «Crise sanitaire et stabilisation du marché de la viande en France, xvIIIe-xx e siècles», *Revue d'histoire moderne et contemporaine*, t. 51, n° 3, 2004, p. 130; sur la trichinose, 參見 A. Stanziani, *Histoire de la qualité alimentaire*, 同註 6.
15 Gary Libecap, «The rise of the Chicago packers and the origins of the meat inspection and antitrust», *Economic Enquiry, vol. XXX, 1992; Th. Bourrler, Le Porc et les Produits de la charcuterie*, 同第 2 章註 42, p. 383-390.
16 Alfred Picard, *Rapport général, Exposition universelle de 1889 à Paris, tome* VIII, Imprimerie nationale, Paris, 1892, p. 77.
17 參 見 Daniel Fung et al., «Meat safety», dans Yiu Hui et al. (dir.), *Meat Science and Applications*, Marcel Dekker, New York, 2001, p. 176.

17 M. Haefelin, «Recherche de l'acide borique dans la viande et les saucissons», *Revue internationale des falsifications*, 10e année, 4e livr., 1897, p. 166.

18 巨量的參考資料中，或可引用此份： Eduard Polenske «Über den Borsäuregehalt von frischen und geräucherten Schweineschinken nach längerer Aufbewahrung in Boraxpulver oder pulverisierter Borsäure», *Arbeiten aus dem Kaiserlichen Gesundheitsamte*, 1902; Rudolf Abel, «Zum Kampfe gegen die Konservierung von Nahrungsmitteln durch Antiseptica», *Hygienische Rundschau*, 1901.

19 «Preservatives in meat foods», *The Lancet*, 11 juillet 1908, p. 101.

20 P. F. Keraudren, «De la nourriture des équipages...», 同第 2 章註 53, p. 371.

21 這些都是在第一份法文版亞硝酸鹽專利書上描述他們的說法(brevet Doran «Procédé pour la conservation des viandes», brevet n° 486077 de 1917).

22 Arthur Cushman, «The packing plant and its equipment», dans Institute of American Meat Packers, *The Packing Industry, a Series of Lectures*, University of Chicago/Institute of American Meat Packers, 1924 (p. 100, p. 103); R. Hinman et R. Harris, *The Story of Meat*, 同第 1 章註 31, p. 15-16.

23 Margaret Walsh, *The Rise of the Midwestern Meat Packing Industry*, University Press of Kentucky, Lexington, 1982, p. 16-17, p. 26.

24 «Pork packing in Cincinnati», *Harpers's Weekly*, 1868.

25 «Police boucherie et charcuterie», Mauriac, 1826 (Archives départementales du Cantal, série 105M1).

26 Jérôme Martin, «Ethnographie du phénomène "salaison" autour de Saint-Symphorien sur Coise», *L'Araire*, n° 127, 2001.

27 Loudon Douglas, *Manual of the Pork Trade: A Practical Guide for Bacon Curers, Pork Butchers, Sausage and Pie Makers* (1893), 轉引自 Bruce Walker, «Meat preservation in Scotland», *Journal of the Royal Society for the Promotion of Health*, n° 1, 1981, p. 22.

28 Paul Geib, «Everything but the squeal: the Milwaukee stockyards and meat-packing industry», *Wisconsin Magazine of History*, vol. 78, n° 1, 1994, p. 6.

29 R. Hinman et R. Harris, *The Story of Meat*, 同第 1 章註 31, p. 42.

30 Milwaukee Chamber of Commerce Annual Reports 1860 et 1862 轉引自 P. Geib, «Everything but the squeal...», 同註 28, p. 8.

31 Roger Horowitz, *Putting Meat on the American Table. Taste, Technology, Transformation*, Johns Hopkins University Press, Baltimore, 2006, p. 50.

32 同前註, p. 48.

33 «The making of ice», *National Provisioner*, 5 juillet 1902, p. 14.

34 A. Cushman, «The packing plant...», 同註 22.

35 同前註, p. 114.

36 Jonathan Ogden Armour, «The packers and the people», National Provisioner, 3 mars 1906, p. 37.

37 P. Geib, «Everything but the squeal...», 同註 28, p. 3-22

38 F. Wilder, *The Modern Packing House*, 同第 1 章註 30, p. 248.

39 M. Walsh, *The Rise of the Midwestern Meat Packing Industry*, 同註 23, p. 85.

40 Milwaukee Chamber of Commerce, 轉引自 P. Geib, «Everything but the squeal...», 同註 28, p. 14.

41 E. Binkerd et O. Kolari, «The history and use of nitrate and nitrite in the curing of meat», 同第 2 章註 77, p. 656.

42 Th. Bourrier, *Le Porc et les Produits de la charcuterie*, 同第 2 章註 42, p. 379.

43 «Pork packing in Cincinnati», 同註 24.

44 M. Walsh, *The Rise of the Midwestern Meat Packing Industry*, 同註 23, p. 85.

45 E. Mérice, Journal d'agriculture pratique, 1880, 轉引自 Th. Bourrier, *Le Porc et les Produits de la charcuterie*, 同第 2 章註 42, p. 386.

81 J. Nott, *The Cook's and Confectioner's Dictionary*, 同註 59, p. BE74; H. Glasse, *The Art of Cookery...*, 同註 59, p. 252.
82 Ann Cook, *Professed Cookery*, chez l'auteur, Londres, 1760, p. 63.
83 *New System of Domestic Cookery*, par «A Lady», Murray, Londres, 1807, p. 41-42, 67-68 ; Charlotte Bury, *The Lady's Own Cookery Book*, Colburn, Londres, 1844, p. 113-114.
84 James Robinson, *The Whole Art of Curing*, 同註 54, p. 45, 49, 67.
85 J. R., *The Art and Mystery of Curing, Preserving, and Potting All Kinds of Meats, Game, and Fish*, Chapman and Hall, Londres, 1864.
86 牛肉處理方法刊於 *Canadian Grocer* (Toronto), 1899, p. 487.
87 Jack Brooks et al., «The function of nitrate, nitrite and bacteria in the curing of bacon and hams», *His Majesty's Stationery Office*, Londres, 1940.

第 3 章

1 «Pork on the farm. Killing, curing and canning», *Farmer's Bulletin*, n° 1186, USDA, 1949, p. 21.
2 R. Ganz (dir.), *Directory and Hand-Book of the Meat...*, 同第 1 章註 32, p. 352.
3 Adolf Juckenack et Rudolf Sendtner, «Über das Färben und die Zusammensetzung der Rohwurstwaaren des Handels mit Berücksichtigung der Färbung des Hackfleisches», *Zeitschrift für Untersuchung der Nahrungs-und Genussmittel*, février 1899, Heft 2, p. 1 (本書引文中強調處為作者所加).
4 F. Schwartz, *Jahresbericht des Chemischen Untersuchungsamtes Hannover*, 1902, n° 14, 轉引自 *Adulteration of Food, Report. Returns and Statistics of the Inland Revenue of the Dominion of Canada*, Dawson, 1907, partie III, p. 20.
5 Committee on Ways and Means, *Adulterated Foods Exported to the United States*, 54° Congrès, Washington, 1896, p. 130-131.
6 Charles Stevenson, *The Preservation of Fishery Products*, U.S. Commission of fish and fisheries, Washington, 1899, p. 561.
7 關於漂白水（用於肉品）與「乳用」福馬林案例，參見 Paul Brouardel, *Cours de médecine légale de la faculté de Paris. Les empoisonnements criminels et accidentels*, Baillière, Paris, 1902, p. 286.
8 *Adulteration of Food, Report...*, 同註 4, p. 18.
9 J. Fränkel, «Untersuchung von Farbstoffen, welche zum Färben von Wurst, Fleisch und Konserven dienen», *Zeitschrift für Untersuchung der Nahrungs- und Genussmittel*, octobre 1902.
10 Adolf Günther, «Chemische Untersuchung eines neuen im Handel befindlichen Dauerwurstsalzes Borolin und eines Dauerwurstgewürzes», *Zeitschrift für Untersuchung der Nahrungs- und Genussmittel*, septembre 1903, p. 802.
11 Louis Kickton, «Über die Wirkung einiger sogenannter Konservierungsmittel auf Hackfleisch», *Zeitschrift für Untersuchung der Nahrungs- und Genussmittel*, mai 1907.
12 同前註。
13 Bernhard Fischer, «Falsifications observées dans les différents pays», *Revue internationale des falsifications,* 10e année, juillet-août 1897, p. 109.
14 同前註。
15 Bernhard Fischer et al., «Färbung der Wurst», *Jahresbericht des chemischen Untersuchungsamtes Breslau*, 1899/1900, p. 14.
16 例見 Eduard Polenske, «Chemische Untersuchung verschiedener, im Händel vorkommender Konservirungsmittel für Fleisch und Fleischwaaren», *Arbeiten aus dem Kaiserlichen Gesundheitsamte*, 1889, 此文本專門分析 11 種成分各自不同，但都用於肉品的新上市防腐劑與防腐一染色劑（粉末或液體）。

54 James Robinson, *The Whole Art of Curing, Pickling, and Smoking Meat and Fish*, Longman & Co, Londres, 1847, p. 42-55; *Dictionnaire général de la cuisine française ancienne et moderne ainsi que de l'office et de la pharmacie domestique*, Plon, Paris, 1853, p. 347.
55 J.-B. Glaire et J. A. Walsch, *Encyclopédie catholique*, 同註 51, p. 82.
56 *Dictionnaire général de la cuisine française...*, 同註 54, p. 241.
57 William Moore, *Remarks on the Subject of Packing and Re-packing Beef and Pork*, Mahum Mower, Montréal, 1820, p. 6.
58 Christian Martfeld, «Mémoire sur les procédés employés en Irlande pour saler les viandes»,同註48, p. 249.
59 John Nott, *The Cook's and Confectioner's Dictionary*, Rivington, Londres, 1723; Hannah Glasse, *The Art of Cookery Made Plain and Easy*, Wangford, Londres, 1774 (1re éd. 1747).
60 Josef von Kurzböck, *Spectacle de la nature et des arts*, vol. 5, Kurzböck, Wien, 1777, articles «Les saucisses» et «Chaircuitier».
61 M. Piérard, «Sur la préparation du boeuf fumé...», 同註 52, p. 219.
62 *Dictionnaire général de la cuisine française ancienne et moderne...*, 同註 54, p. 82-85, p. 141-142, p. 165, p. 356 (本書引文中強調處為作者所加).
63 Jules Breteuil, *Le Cuisinier européen, Garnier, Paris,* 1863, p. 242-251, p. 290.
64 Th. Bourrier, *Le Porc et les Produits de la charcuterie*, 同註 42, p. 372.
65 Th. Bourrier, *Les Industries des abattoirs*, Baillières, Paris, 1897, p. 236-237, p. 241.
66 Madeleine Ferrières, *Histoire des peurs alimentaires*, Seuil, Paris, 2002, p. 413.
67 M. Berthoud, *Charcuterie pratique*, 同序章註 38, p. 325-349.
68 M. Lebrun et W. Maigne, *Nouveau Manuel...*, 同註 50, p. 172.
69 L.-F. Dronne, *Charcuterie ancienne et moderne...*, 同序章註 38, p. 112, p. 107 et p. 156.
70 Alphonse Gobin, *Précis pratique de l'élevage du porc*, Audot, Paris, 1882, p. 209, 211-212.
71 *Iron County Register* (Iron County, Missouri), 3 février 1881 (本書引文中強調處為作者所加).
72 Borel (pseudonyme de Charles-Yves cousln d'avallon), *Le Cuisinier moderne mis à la portée de tout le monde*, Corbet, Paris, 1836, p. 98-109.
73 桑松工法由阿爾方斯・舍瓦里耶（Alphonse Chevallier）父子在其著作中提出，«Recherches chronologiques sur les moyens appliqués à la conservation des substances alimentaires», *Annales d'hygiène publique et de médecine légale*, série 2, IX, 1858, p. 81-82.
74 Jules Gouffé, *Le Livre des conserves, ou recettes pour préparer et conserver*, Hachette, Paris, 1869, p. 14 et p. 20-21.
75 Adolphe Fosset, *Encyclopédie domestique, recueil de procédés et de recettes*, Salmon, 1830, p. 69; J.-B. Glaire et J. A. Walsch, Encyclopédie..., 同註 51, p. 81.
76 Article «Salaison», dans Nicolas François de Neufchâteau, *Dictionnaire d'agriculture pratique*, Aucher-Eloy, 1828, p. 562.
77 Evan Blnkerd et Olaf Kolari, «The history and use of nitrate and nitrite in the curing of meat», *Food and Cosmetics Toxicology*, vol. 13, 1975, p. 656.
78 參見 *Douglas's Encyclopaedia.A Book of Reference for Bacon...*, 同註 45, p. 332-333; Binkerd 與 Kolari 認為在黑刺李鹽中的硝石成分釋出了亞硝酸鹽，E. Binkerd et O. Kolari, «The history and use of nitrate and nitrite in the curing of meat», 同前註, p. 656.
79 Nicolas Lemery, *Pharmacopée universelle, contenant toutes les compositions de pharmacie qui sont en usage dans la médecine*, 5e éd., d'Houry, 1761, p. 36; Louis Vitet, *Pharmacopée de Lyon ou exposition méthodique des médicaments simples et composés*, Perisse, Lyon, 1778, p. 119-120.
80 Christophle Glaser, *Traité de la chymie*, Paris, 1663, p. 205.

31 Thomas Chaloner, *A Shorte Discourse of the Most Rare and Excellent Vertue of Nitre*, Londres, 1584. Commenté par Anthony Butler et Martin Feelisch, «Therapeutic uses of nitrite and nitrate: from the past to the future», *Circulation*, vol. 117, 2008.

32 Bee Wilson, *Swindled, the Dark History of Food Fraud*, Princeton University Press, Princeton, 2008. Voir p. 15-20. 繁體中文版書名為《美味詐欺：黑心食品三百年》。

33 L. Truffert et H. Cheftel, «À propos de l'emploi de nitrite de sodium...», 同註 27.

34 Jennifer Stead, «Necessities and luxuries: food preservation from the Elizabethan to the Georgian era», dans Anne Wilson (dir.), *Waste Not, Want Not: Food Preservation From Early Times to the Present Day*, Edinburgh University Press, Édimbourg, 1991, p. 68.

35 Mark Kurlansky, *Salt, a World History*, Jonathan Cape, Londres, 2002, p. 293-294.

36 Klaus Lauer, «The history of nitrite in human nutrition: a contribution of German cookery books», *Journal of Clinical Epidemiology*, vol. 44, n° 3, 1991.

37 Robert Boyle, *Some Considerations Touching the Usefulness of Experimental Naturall Philosophy*, pt. II, 2e éd., Hall, Oxford, 1664, p. 99.

38 William Clarke, *Naturalis Historia Nitri*, Naumann & Wolf, Francfort/Hambourg, 1675, p. 78-79. Édition originale: William Clarke, *The Natural History of Nitre*, Londres, 1670.

39 John Collins, *Salt and Fishery. A Discourse Thereof*, Godbid & Playford, Londres, 1682, p. 9-12, 69-70, 121-126, 135-136.

40 對鹽塊的敘述例見 Thomas Rastel (1678), 轉引自 M. Kurlansky, *Salt, a World History*, 同註 36.

41 K. Lauer, «The history of nitrite in human nutrition...», 同註 36,p. 263.

42 Émile Zola, *Le Ventre de Paris* (1873), 轉引自 Théodore Bourrier, *Le Porc et les Produits de la charcuterie, hygiène, inspection, réglementation*, Asselin et Houzeau, Paris, 1888, p. 294.

43 Recette de Le Cointe (1790) dans Madeleine Ferrières, *Histoires de cuisines et trésors des fourneaux*, Larousse, Paris, 2008.

44 B. Wilson, *Swindled...*, 同註 32, p. 77-84.

45 *Douglas's Encyclopaedia.A Book of Reference for Bacon Curers, Bacon Factory Managers*, etc., Douglas, Londres, 1893, p. 48.

46 根據添加物產業表示，「從 1792 年起，用於醃肉與絞肉的防腐鹽就在法國肉品店中開始販售」(Lettre au ministère de l'Agriculture, 22 juillet 1969, 國家檔案).

47 René Pallu, *Réglementation et usages en charcuterie*, Éd. Pallu, Paris, 1960, p. 41.

48 Christian Martfeld, «Mémoire sur les procédés employés en Irlande pour saler les viandes», *Annales de l'industrie nationale et étrangère, année* 1823, tome IX, 39, p. 250.

49 *Farmer's Register*, mentionné par Wolfgang Arneth, «Chemische Grundlagen der Umrötung», *Fleischwirtschaft*, vol. 78, n° 8, 1998.

50 Élisabeth Celnart, *Manuel du charcutier, ou l'art de préparer et de conserver les différentes parties du cochon, d'après les plus nouveaux procédés*, Roret, Paris, 1827, p. 115. 同樣的指引也在其後的版本中出現，作者署名為 M. Lebrun et W. Maigne, *Nouveau Manuel complet du charcutier, du boucher et de l'équarisseur*, Roret, Paris, 1869, p. 126.

51 Article «salaison», dans Jean-Baptiste Glaire et Joseph-Alexis Walsch, *Encyclopédie catholique*, vol. 17, Desbarres, Paris, 1848, p. 81.

52 M. Piérard, «Sur la préparation du boeuf fumé, d'après les procédés suivis à Hambourg», *Annales des arts et manufactures*, vol. 2, t. 1, 1818, p. 221.

53 Pierre François Keraudren, «De la nourriture des équipages et de l'amélioration des salaisons dans la marine française», *Annales maritimes et coloniales*, 2e partie, Imprimerie royale, Paris, 1829, p. 366.

8 例見 Konrad Jurisch, Salpeter und sein Ersatz, Hirzel, Leipzig, 1908, p. 1-4; Andrew Sandison, «The use of natron in mummification in ancient Egypt», *Journal of Near Eastern Studies*, vol. 22, n° 4, octobre 1963 (voir en particulier p. 261 pour les références au salpêtre); Alfred Lucas, *Ancient Egyptian Materials and Industries*, Arnold, Londres, 2e éd., 1934, p. 245-246. 關於木乃伊製作與食物保存的比較，見 Ambrose Abel, The Preservation of Food, Case & Lockwood, Hartford, 1857, p. 6-10.

9 Mark Gladwin et al., «Meeting report: The emerging biology of the nitrite anion», *Nature Chemical Biology*, vol. 1, n° 6, 2005, p. 313.

10 Audition de Stephen Krut (American Association of Meat Processors), dans Subcommittee on Agricultural Research and General Legislation, *Food Safety and Quality–Nitrites*, U.S. Government Printing Office (U.S. GPO), Washington, 1978, p. 106-110.

11 Frederick Ray, «Meat curing», *Oklahoma Cooperative Extension Fact Sheet, s.d., p. 1. Idem dans* Christopher Kevil et al., «Inorganic nitrite therapy, historical perspective and future directions», *Free Radical Biology & Medicine*, n° 51, 2011, p. 577.

12 Sonia Pittioni, *Nitrosohemoglobin synthesis*, thèse, université de Toronto, 1998, p. 1.

13 Amanda Gipe Mckeith, «Alternative curing», *Factsheet PIG (Pork Information Gateway)*, juin 2014, p. 1.

14 Jean Pantaleon, «Chimie et technologie des viandes», *Revue technique de l'industrie alimentaire*, n° 43-47, mai-octobre 1957 (réédité par les laboratoires Hoffmann-Laroche), p. 6.

15 Jeanine Louis-Sylvestre et al., «Les charcuteries», *Cahiers de diététique et de nutrition*, vol. 45, 2010.

16 Jean-Luc Martin, «Impact du salage et de la cuisson sur la couleur des jambons et lardons», *TechniPorc*, vol. 33, n° 5, 2010, p. 26.

17 <www.info-nitrites.fr>, rubrique «Nitrite et charcuterie» (consulté en novembre 2016).

18 <www.info-nitrites.fr>, rubrique «Questions réponses» (consulté en novembre 2016)

19 Randy Huffman et Nathan Bryan, «Nitrite and nitrate in the meat industry», dans Nathan Bryan (dir.), *Food, Nutrition, and the Nitric-Oxide Pathway*, Destech, Lancaster, 2010, p. 79.

20 Frank Frost, «Sausage and meat preservation in Antiquity», *Greek, Roman and Byzantine Studies*, n° 40, 1999, p. 245.

21 Lucius Columelle, *De re rustica (De l'économie rurale)*, livre XII. 參見由 Louis Du Bois 翻譯之雙語版本, Pancoucke, Paris, 1845, p. 322-323. 相反地，寇盧邁爾清楚地註明某種硝化物（泡鹼）使用於蔬菜防腐上（頁 138、308、326），這或許告訴我們，若在肉品上有硝化製品的使用，他應該不會忘記。

22 參見 les chapitres «Faites ainsi le sel blanc» et «Salage des jambons» dans Caton, *De agricultura (De l'agriculture)*, Les Belles Lettres, Paris, 1975, p. 66-67 et 110-111.

23 參 見 les recettes présentées par la *Revue de la conserve*, numéro spécial «Charcuteries et salaisons», novembre 1962.

24 R. Koller, *Salz, Rauch und Fleisch*, 同第 1 章註 40.

25 Robert Curtis, *Ancient Food Technology*, Brill, Leyde, 2001.

26 Salima Ikram, *Choice Cuts. Meat Production in Ancient Egypt*, Peeters, Louvain, 1995.

27 Louis Truffert et Henri Cheftel, «À propos de l'emploi de nitrite de sodium, et de ortho-meta et pyrophosphate de sodium dans certaines conserves de viandes», *Rapport au Conseil supérieur d'hygiène public de France*, ministère de la Santé, novembre 1952, p. 1.

28 A. Böhm, «Untersuchungen an Pökelhilfstoffen», *Die Fleischwirtschaft*, juillet 1955, n° 7.

29 稿轉載於 Constance Hieatt et Sharon Butler, *Curye on Inglysch. English Culinary Manuscripts of the Fourteenth Century*, Oxford University Press, Oxford, 1985, p. 73.

30 Robert Lovell (1661), William Thraster (1669) et William Salmon (1693), 轉引自 David Cressy, *Saltpeter the Mother of Gunpowder*, Oxford University Press, Oxford, 2013, p. 30-32.

38 Clifford Hollenbeck, «Curing of meat», (assigné à Merck & Co.), US patent 2739899, mars 1956.
39 Charles Breizy, «Chemical compound and method of producing the same», US Patent 1976831, octobre 1934.
40 Raphael Koller, *Salz, Rauch und Fleisch*, Das Bergland-Buch, Salzburg, 1941, p. 162.
41 *Curing Pork Country Style*, Leaflet n° 273, USDA, Washington, 1953.
42 Nitral廣告摺頁（La Bovida公司），刊於 R. Pallu, *La Charcuterie en France*. Tome III, 同註 7 , face à p. 193.
43 廣告〈著名的Bovida特色產品〉(Les fameuses spécialités Bovida)，刊於 Laszlo Hennel, *Le Charcutier et la Loi*, éd. La Bovida, Paris, 1947, p. 171.
44 Laszlo Hennel, *Le Charcutier et la Loi, éd*. La Bovida, 同前註 , p. 59.
45 同前註。
46 Cristal Montégut廣告，刊於*L'Union de la charcuterie*, n° 41, août 1953.
47 《Berty價目》(Tarif Berty), 1969, Paris, p. 21-23.
48 廣告摺頁《Colorant Klotz S.A.》，刊於 R. Pallu, *La Charcuterie en France*. Tome III, 同註 7 , face à p. 192.
49 Marie-Jeanne Diot, *Premier inventaire analytique des additifs utilisés en charcuterie et salaison*, thèse de pharmacie, 1978.
50 «Herta® met-il du nitrite pour donner une couleur rose à son jambon ?», disponible sur <www.herta.fr>, rubrique «Herta et les nitrites» (novembre 2016).
51 例見 J. Sebranek et J. Bacus, «Cured meat products...», 同註 24, p. 145.
52 Winford Lewis, «Producing stable color in meats», US patent 2147261 du 23 mai 1936.
53 同前註。
54 Jeffrey Sindelar et Terry Houser, «Alternative curing systems», dans Rodrigo Tarté (dir.), *Ingredients in Meat Products: Properties, Functionality and Applications*, Springer Science + Business, 2009, p. 380.
55 Hugh Gardner, «Sowbelly blues, the links between bacon and cancer», *Esquire*, novembre 1976, p. 144.
56 Robert Bogda, «Most pork-belly futures prices increase, indicating ban on nitrite isn't seen soon», *Wall Street Journal*, 15 août 1978, p. 38.
57 M. Henry et al., «Opportunité de l'addition de nitrates...», 同註 15, p. 1280.

第 2 章

1 R. Pallu, *La Charcuterie en France*. Tome III, 同第 1 章註 7, p. 113. Sur le Bayonne authentique, voir p. 82.
2 轉引自 Françoise Desportes, «Les métiers de l'alimentation», dans Jean-Louis Flandrin et Massimo Montanari (dir.), *Histoire de l'alimentation*, Fayard, Paris, 1996, p. 442.
3 Stéphane Malandain et Inès Peyret, *Éloge du saucisson. De Confucius à Bocuse, un trésor de l'humanité*, Éd. du Dauphin, Paris, 2014, p. 87-88.
4 Sur le saucisson d'Arles, 參見 R. Pallu, *La Charcuterie en France*. Tome III, 同第 1 章註 7, p. 129.
5 同前註, p. 149. 可參 J.-C. Frentz et M. Poulain, *Livre du compagnon...*, 同序章註 40。
6 Aaron Wasserman et F. Talley, «The effect of sodium nitrite on the flavor of Frankfurters», *Journal of Food Science*, vol. 37, n° 4, 1972.
7 例見 l'ancienne recette de mortadelle toscane reproduite dans Alberto Capatti et Massimo Montanari, *La Cuisine italienne, histoire d'une culture*, Seuil, Paris, 2002, p. 380-381.

15 M. Henry et al., «Opportunité de l'addition de nitrates alcalins ou de nitrites alcalins ou des deux sels simultanément aux salaisons de viandes», *Revue de pathologie générale et comparée*, n° 655, 1954, p. 1280, 1287.

16 Nitrite safety reviewed by microbiologist, *Processed Food*, décembre 1978.

17 如 2014 年 6 月，第 601/2014 號規範，授權予十餘種新推出傳統風味產品使用亞硝酸鹽。

18 Karl-Otto Honikel, «The use and control of nitrate and nitrite for the processing of meat products», *Meat Science*, vol. 78, 2008.

19 Jens Moller et al., «Color», dans Fidel toldra (dir.), *Handbook of Fermented Meat and Poultry*, 2ᵉ éd., Wiley-Blackwell, Hoboken, 2015, p. 196.

20 René Pallu, *La Charcuterie en France. Tome I: Généralités, charcuterie crue*, Éd. Pallu, Paris, 1971 (2ᵉéd.), p. 336.

21 Hidetoshi Morita et al., «Red pigment of Parma ham and bacterial influence on its formation», *Journal of Food Science*, vol. 61, n° 5, 1996, p. 1021-1023.

22 這是某些傳統中國火腿所發生的狀況，製作時使用的食鹽受到硝酸鹽的汙染。參見 Ryoichi Sakata, «Prospects for new technology of meat processing in Japan», *Meat Science*, n° 86, 2010, p. 244-245.

23 J. Moller et al., «Color», 同註 19, p. 195.

24 Joseph Sebranek et James Bacus, «Cured meat products without direct addition of nitrate or nitrite: what are the issues?», *Meat Science*, n° 77, 2007, p. 141.

25 Christina Adamsen et al., «Thermal and photochemical degradation of myoglobin pigments in relation to colour stability of sliced dry-cured Parma ham and sliced dry-cured ham produced with nitrite salt», *European Food Research and Technology*, n° 218, 2004, p. 405.

26 參見 Shin-ichi Ishikawa et al., «Heme induces DNA damage and hyperproliferation of colonic epithelial cells via hydrogen peroxide produced by heme oxygenase; a possible mechanism of heme induced colon cancer», *Molecular Nutrition and Food Research*, n° 54, 2010; 可參 Conseil supérieur de la santé, «Red meat, processed red meats and the prevention of colorectal cancer», *Science-Policy Advisory Report*, n° 8858, Bruxelles, 2013, p. 5.

27 C. Adamsen et al., «Zn-porphyrin formation...», 同註 11, p. 676 ; Jun-ichi Wakamatsu et al., «Nitric oxide inhibits the formation of zinc protoporphyrin IX and protoporphyrin IX», *Meat Science*, n° 84, 2010, p. 125-128.

28 參見 Daniel Demeyer et al., «Fermentation», dans Michael Dikeman et Carrick devlne (dir.), *Encyclopedia of Meat Science*, vol. 2, 2ᵉ éd., Academic Press, Londres, 2014, p. 7.

29 «How to give a bright, red color to Bologna and Frankfort sausage without artificial coloring», *Secrets of Meat Curing and Sausage Making*, Heller, Chicago, 2ᵉ éd., 1911, p. 260.

30 Fred Wilder, *The Modern Packing House*, Nickerson & Collins, Chicago, 1905, p. 311.

31 Robert Hinman et Robert Harris, *The Story of Meat*, Swift and Co., Chicago, 2ᵉ éd., 1942, p. 129.

32 Robert Ganz (dir.), *Directory and Hand-Book of the Meat and Provision Trades and their Allied Industries for the United States and Canada*, National Provisioner Pub. Co., Chicago, 1895, p. 354.

33 布拉格之粉®宣傳頁 (Brochure Prague Powder®), Griffith laboratories, Chicago, 1951, p. 15.

34 參見 W. Berry, *Coloring Matters for Foodstuff and Methods for Their Detection*, USDA, Washington, 1906, p. 35.

35 Ronald Pegg et Fereidoon Shahidi, *Nitrite Curing of Meat, the N-nitrosamine Problem and Nitrite Alternatives*, Food and Nutrition Press, Trumbull, 2000, p. 23.

36 «Les nitrates et les nitrites dans les salaisons», *Annales des falsifications et des fraudes*, n° 307, 1934, p. 323

37 Brochure Prague Powder® , 同註 33, p. 5.

43 D. Corpet, «Red meat and colon cancer...», 同 註 32 p. 314; Raphaelle Santarelll et al., «Meat processing and colon carcinogenesis: cooked, nitrite-treated, and oxidized highheme cured meat promotes mucindepleted foci in rats», *Cancer Prevention Research*, n° 3, 2010.

44 Fabrice Pierre et al., «Calcium and α-tocopherol suppress cured meat promotion of chemically-induced colon carcinogenesis in rats and reduce associated biomarkers in human volunteers», *American Journal of Clinical Nutrition*, n° 98 (5), novembre 2013.

45 例 見 la 10e réunion du «Comité d'experts sur les nitrites et les nitrosamines» (mars 1977), dans Expert Panel on Nitrites and Nitrosamines, *Final Report on Nitrites and Nitrosamines*, Report to the Secretary of Agriculture, USDA, Washington, février 1978, p. 78-79 ; également William Mergens et al., «Stability of tocopherol in bacon», Food Technology, novembre 1978, p. 40-44.

46 J. Ian Gray et al., «Inhibition of N-nitrosamines in bacon», *Food Technology*, vol. 36, n° 6, 1982; Walter Wilkens et al., «Alphatocopherol», *Meat Processing*, septembre 1982; «Bacon breakthrough», *Meat Industry*, septembre 1982.

47 在 1970 年代中期，豬肉製品產業就已經表示正在「尋求替代方案」。為產業辯護的專家寫道：「如今，我們還沒發現亞硝酸鹽的替代物」或「研究者仍在進行研究」等（例見如美國參議院法規：《國會紀錄》，1975 年 12 月 19 日）。

48 例見Expert Panel on Nitrites and Nitrosamines, *Final Report on Nitrites and Nitrosamines*, 同註45, p. 14.

第 1 章

1 例 見 Bernard Moinier et Olivier Weller, *Le Sel dans l'Antiquité*, Les Belles Lettres, Paris, 2015, p. 167-170.

2 Strabon, IV, 3, 2, 轉引自 Marie-Yvane daire, *Le Sel des Gaulois*, Errance, Paris, 2003, p. 116.

3 Jun-ichi Wakamatsu et al., «Direct demonstration of the presence of zinc in the acetone-extractable red pigment from Parma ham», *Meat Science*, n° 76, 2007, p. 385-387.

4 Christina Adamsen et al., «Changes in Zn-porphyrin and proteinous pigments in Italian dry-cured ham during processing and maturation», *Meat Science*, n° 74, 2006, p. 379.

5 例 見 Confédération de la charcuterie de France et de l'union Française, *Manuel de l'apprenti charcutier*, Paris, 1962, p. 157.

6 «Étiquetage d'un jambon de Bayonne», *Lettre du service de la répression des fraudes*, 22 avril 1969 (Archives nationales: 國家檔案).

7 René Pallu, La Charcuterie en France. Tome III: *Techniques nouvelles ou inédites, salaison au sel nitrité*, Éd. Pallu, Paris, 1965, p. 82-83.

8 同前註(本書引文中強調處為作者所加)。

9 同前註。

10 同前註, p. 145.

11 Christina Adamsen et al., «Zn-porphyrin formation in cured meat products: effect of added salt and nitrite», *Meat Science*, n° 72, 2006, p. 676; Ralph Hoagland, «The action of saltpeter upon the color of meat», *Report of the Bureau of Animal Industry* (year 1908), USDA, Washington, 1910, p. 301.

12 R. Pallu, *La Charcuterie en France*. Tome III, 同註 7, p. 193.

13 C. Adamsen et al., «Zn-porphyrin formation...», 同註 11, p. 674.

14 Alberto Martin et al., «Characterisation of microbial deep spoilage in Iberian dry-cured ham», *Meat Science*, n° 78, 2008.

23 *Corriere della sera*, 29 octobre 2015.

24 *Sydney Morning Herald*, 27 octobre 2015.

25 Teresa Norat et al., «Meat consumption and colorectal cancer risk: dose-response meta-analysis of epidemiological studies», *International Journal of Cancer*, vol. 98, 2002.

26 Agence nationale de la recherche/ Inra, fiche «HèmeCancer. Effet des charcuteries sur la cancérogénèse colorectale. Étude des mécanismes. Choix de stratégies préventives» (archivé sur <www.securiviande. free.fr>).

27 Toxalim, «Sécuriviande. Stratégies préventives de la cancérogénèse colorectale en production et transformation des viandes» (disponible sur <www.securiviande. free.fr>).

28 Joint WHO/FAO expert consultation, *Diet, Nutrition and the Prevention of Chronic Disease*, OMS, Genève, 2003, p. 101.

29 «Recommandation n° 5: éviter la charcuterie», dans WCRF, *Food, Nutrition, Physical Activity and the Prevention of Cancer: A Global Perspective*, WCRF-AICR, Washington, 2007.

30 Anses, *Nutrition et cancer. Rapport d'expertise collective*, Paris, 2011, p. 49.

31 Consell supérieur de la santé, «Viande rouge, charcuterie à base de viande rouge et prévention du cancer colorectal», *Brève* (Avis n° 8858), Bruxelles, 2013, p. 2.

32 Denis Corpet, «Red meat and colon cancer: Should we become vegetarians, or can we make meat safer?», *Meat Science*, n° 89, 2011, p. 314.

33 參見由珊德玲．黑郭(Sandrine Rigaud)導演、並與本書作者紀雍．庫德黑(Guillaume Coudray)為Cash Investigation系列節目共同編寫的影片：《農產食品工業：對抗健康好生意》(Industrie agroalimentaire: business contre santé)，法國國家電視第2台(France 2)，2016年9月（見網站www.youtube.com）。

34 例見 Efsa, «Opinion of the scientific panel on biological hazards on a request from the Commission related to the effects of nitrites/nitrates on the microbiological safety of meat products», *EFSA Journal*, n° 14, 2003 (p. 24, «Allemagne» et «Italie»); Food Chain Evaluation Consortium, *Study on the Monitoring of the Implementation of Directive 2006/52/EC as Regards the Use of Nitrites by Industry in Different Categories of Meat Products*, European Commission/Civic Consulting, Bruxelles, 2016, p. 6.

35 Daniel Demeyer et al., «The World Cancer Research Fund report 2007: A challenge for the meat processing industry», *Meat Science*, n° 80, 2008, p. 956.

36 Rostain品牌型錄，2014, p. 12.

37 Fict (Fédération française des industriels charcutiers, traiteurs, transformateurs de viandes), «Les chiffres clef», Paris, 2011; Fict, *Rapport d'activité* 2014-2015, Paris, 2015; *Ifip-Institut du porc, Infos viandes fraîches et produits transformés*, n° 1, 2013, p. 6.

38 例見 «Rillettes du Mans, de Tours et rillons», dans Louis-François Dronne, *Charcuterie ancienne et moderne. Traité historique et pratique*, E. Lacroix, 1869, p. 177-178, ou «Rillons» et «Rillettes», dans Marc Berthoud, *Charcuterie pratique*, Hetzel, Paris, 1884, p. 201-202.

39 Centre technique de la salalson, de la charcuterie et des conserves de viandes, *Code des usages en charcuterie et conserves de viandes*, Paris, 1969, section V° , p. 29.

40 Jean-Claude Frentz et Michel Poulain, *Livre du compagnon charcutiertraiteur*, Éditions LT Jacques Lanore/ Jérôme Vilette, Les Lilas, 2001, p. 260 (本書引文中強調處為作者所加).

41 Réponse E-3840/2010 (23 juin 2010) ; Règlement N° 1129/2011 de la commission 11 novembre 2011, *Journal officiel de l'Union européenne*, L 295/1.

42 «Les nitrites au coeur des charcuteries», *Infos Viandes et Charcuteries*, novembre 2013, Ifip-Institut du porc, p. 1.

引述資料註釋

序章

1 OMS, *La Genèse du Centre international de recherche sur le cancer*, Rapport technique n° 6, IARC, Lyon, 1990.
2 *Financial Times*, 28 octobre 2015, p. 1, 9.
3 *The Times*, 27 octobre 2015, p. 1.
4 *The Independent*, 27 octobre 2015, p. 8.
5 *Die Welt*, 27 octobre 2015, p. 1.
6 *Frankfurter Allgemeine Zeitung*, 28 octobre 2015, p. 5, 9, 17.
7 *Taz die Tageszeitung*, 27 octobre 2015, p. 1.
8 *Le Canard enchaîné*, 28 octobre 2015, p. 1. 譯註：頭條原文可能源於 1997 年法國知名卡通《Les Zinzins de l'espace》第 1 季第 16 集，敘述一頭身為農場主副手壓迫農場動物的豬，卻在危急時刻被主人指為替罪羔羊的故事，後常被用來使用在與豬肉製品有關的新聞上。而這個句子又可能來自於 1947 年電影《逃亡》名稱，英文原名「To Have and Have Not」；法文片名為「Le port de l'angoisse」。
9 *OMS, Colorectal Cancer Estimated Incidence, Mortality and Prevalence Worldwide in 2012*, disponible sur <globocan.iarc.fr>.
10 Iarc, communiqué n° 240, «Iarc monographs evaluate consumption of red meat and processed meat», 26 octobre 2015.
11 在法國，能靠降低致癌性肉品消費而避免的大腸直腸癌病例數，約在每日 17-23 例之間。可見與此相關專題報告中的預期數字，刊於 *60 Millions de consommateurs* (Institut national de la consommation), numéro spécial «Alimentation», mai-juin 2017, p. 20.
12 *Le Monde*, 25 janvier 2017.
13 CICT (Centre d'information des charcuteries-produits traiteurs), «Tout savoir sur les charcuteries», *Infocharcuterie CICT*, 2011, p. 3 et 5 bis.
14 我們可以看到（2016 年 11 月）法國豬肉製品業在其建立的網站(www.info-nitrites.fr)上如是說：「癌症是一種涉及許多不一定與食品相關因素的疾病，Iarc的跨國性研究並無探討地方特性（產品素質、實際消費情況等）。……必須考量的是，Iarc的數據只涉及豬肉產品每日消費量大於 50 克的人口。而法國平均每日消費量則是 36 克。」這裡的認知有其錯誤。正好相反地，Iarc清楚說明其並未指出豬肉製品的安全食用量。50 克的指標並不表示風險起始點，而是風險更為顯著的分界點。
15 Anne-Marie Bouvler et Guy Launoy, «Épidémiologie du cancer colorectal», *La Revue du praticien*, vol. 65, juin 2015, p. 769.
16 CICT, «Tout savoir sur les charcuteries», 同註 13, p. 5.
17 同前註, p. 5-6.
18 Emmanuel Mitry et al., «Pronostic des cancers colorectaux et inégalités socio-économiques», *Gastroentérologie clinique et biologique*, vol. 30, n° 4, 2006.
19 Vincent Legendre, «Les consommateurs de porc frais et de charcuterie: qui sont-ils ? Éclairage sociologique», *TechniPorc*, vol. 31, n° 4, 2008, p. 3-7.
20 *El Pais*, 28 octobre 2015, p. 27.
21 «Viande/cancer : Le Foll met en garde contre la «panique»», <europe1.fr>, 26 octobre 2015.
22 *Frankfurter Allgemeine Zeitung*, 28 octobre 2015, p. 17.

非良心豬肉：加工肉品如何變成美味毒藥
Cochonneries: Comment la charcuterie est devenue un poison

作　　者／紀雍・庫德黑 Guillaume Coudray
譯　　者／劉允華
社　　長／陳蕙慧
副總編輯／戴偉傑
主　　編／李佩璇
行銷企劃／陳雅雯、尹子麟、余一霞
封面設計／木木lin
內頁排版／簡至成
讀書共和國出版集團社長／郭重興
發行人兼出版總監／曾大福
出　　版／木馬文化事業股份有限公司
發　　行／遠足文化事業股份有限公司

地　　址／231 新北市新店區民權路 108-3 號 8 樓
電　　話／(02)2218-1417
傳　　真／(02)2218-0727
Email／service@bookrep.com.tw

郵撥帳號／19588272 木馬文化事業股份有限公司
客服專線／0800-221-029
法律顧問／法律顧問　華洋國際專利商標事務所　蘇文生律師
印　　刷／呈靖彩藝有限公司

初　　版／2021 年 06 月
定　　價／380 元

國家圖書館出版品預行編目 (CIP) 資料

非良心豬肉：加工肉品如何變成美味毒藥 / 紀雍.庫德黑 (Guillaume Coudray) 作；劉允華譯. -- 初版. -- 新北市：木馬文化事業股份有限公司出版：遠足文化事業股份有限公司發行, 2021.06
288　面 ;14.8*21 公分
譯自 : Cochonneries : comment la charcuterie est devenue un poison
ISBN 978-986-359-957-9(平裝)

1. 食品添加物 2. 食品加工 3. 肉類食物

463.11　　110006548